SCIENCE

我与科学有个约会
QINGSHAONIAN AI KEXUE
李慕南　姜忠喆◎主编〉〉〉〉

WOYU KEXUE YOUGE YUEHUI

及科学知识，拓宽阅读视野，激发探索精神，培养科学热情。

太空碰碰车

★ 包罗各种科普知识，汇集大量精美插图，为你展现一个生动有趣的科普世界，让你体会发现之旅是多么有趣，探索之旅是多么神奇！

U0661801

吉林出版集团
北方妇女儿童出版社

NEW

图书在版编目(CIP)数据

太空碰碰车 / 李慕南,姜忠喆主编. —长春:北
方妇女儿童出版社,2012.5(2021.4重印)
(青少年爱科学.我与科学有个约会)
ISBN 978 - 7 - 5385 - 6307 - 8

Ⅰ.①太… Ⅱ.①李… ②姜… Ⅲ.①空间探索 – 青
年读物②空间探索 – 少年读物 Ⅳ.①V11 - 49

中国版本图书馆 CIP 数据核字(2012)第 061961 号

太空碰碰车

出 版 人 李文学
主　　编 李慕南 姜忠喆
责任编辑 赵 凯
装帧设计 王 萍
出版发行 北方妇女儿童出版社
地　　址 长春市人民大街 4646 号 邮编 130021
　　　　　电话 0431 - 85662027
印　　刷 北京海德伟业印务有限公司
开　　本 690mm × 960mm　1/16
印　　张 12
字　　数 198 千字
版　　次 2012 年 5 月第 1 版
印　　次 2021 年 4 月第 2 次印刷
书　　号 ISBN 978 - 7 - 5385 - 6307 - 8
定　　价 27.80 元

前　　言

科学是人类进步的第一推动力,而科学知识的普及则是实现这一推动力的必由之路。在新的时代,社会的进步、科技的发展、人们生活水平的不断提高,为我们青少年的科普教育提供了新的契机。抓住这个契机,大力普及科学知识,传播科学精神,提高青少年的科学素质,是我们全社会的重要课题。

一、丛书宗旨

普及科学知识,拓宽阅读视野,激发探索精神,培养科学热情。

科学教育,是提高青少年素质的重要因素,是现代教育的核心,这不仅能使青少年获得生活和未来所需的知识与技能,更重要的是能使青少年获得科学思想、科学精神、科学态度及科学方法的熏陶和培养。

科学教育,让广大青少年树立这样一个牢固的信念:科学总是在寻求、发现和了解世界的新现象,研究和掌握新规律,它是创造性的,它又是在不懈地追求真理,需要我们不断地努力奋斗。

在新的世纪,随着高科技领域新技术的不断发展,为我们的科普教育提供了一个广阔的天地。纵观人类文明史的发展,科学技术的每一次重大突破,都会引起生产力的深刻变革和人类社会的巨大进步。随着科学技术日益渗透于经济发展和社会生活的各个领域,成为推动现代社会发展的最活跃因素,并且成为现代社会进步的决定性力量。发达国家经济的增长点、现代化的战争、通讯传媒事业的日益发达,处处都体现出高科技的威力,同时也迅速地改变着人们的传统观念,使得人们对于科学知识充满了强烈渴求。

基于以上原因,我们组织编写了这套《青少年爱科学》。

《青少年爱科学》从不同视角,多侧面、多层次、全方位地介绍了科普各领域的基础知识,具有很强的系统性、知识性,能够启迪思考,增加知识和开阔视野,激发青少年读者关心世界和热爱科学,培养青少年的探索和创新精神,让青少年读者不仅能够看到科学研究的轨迹与前沿,更能激发青少年读者的科学热情。

二、本辑综述

《青少年爱科学》拟定分为多辑陆续分批推出，此为第一辑《我与科学有个约会》，以"约会科学，认识科学"为立足点，共分为 10 册，分别为：

1.《仰望宇宙》

2.《动物王国的世界冠军》

3.《匪夷所思的植物》

4.《最伟大的技术发明》

5.《科技改变生活》

6.《蔚蓝世界》

7.《太空碰碰车》

8.《神奇的生物》

9.《自然界的鬼斧神工》

10.《多彩世界万花筒》

三、本书简介

本册《太空碰碰车》带领我们了解太阳系的构成，探索扑朔迷离的行星……然后，义无反顾地深入浩瀚的宇宙，去揭示更多太空中的奥秘！眺望宇宙神秘的深处，领略浩瀚的太空奇景，神秘的宇宙充满了无穷奥秘，它那广阔无垠的时空涵盖了万事万物。令人难以置信的照片和插图，向我们展示了太空深处无与伦比的壮丽景色！地球是人类的摇篮，但人类不会永远生活在摇篮里。人类探索太空的历程，惊心动魄；人类探索太空的未来，充满挑战。现在，人类已经飞出地球，踏上了月球，下一个目标将是飞上火星，飞出太阳系，在宇宙中遨游。

本套丛书将科学与知识结合起来，大到天文地理，小到生活琐事，都能告诉我们一个科学的道理，具有很强的可读性、启发性和知识性，是我们广大读者了解科技、增长知识、开阔视野、提高素质、激发探索和启迪智慧的良好科普读物，也是各级图书馆珍藏的最佳版本。

本丛书编纂出版，得到许多领导同志和前辈的关怀支持。同时，我们在编写过程中还程度不同地参阅吸收了有关方面提供的资料。在此，谨向所有关心和支持本书出版的领导、同志一并表示谢意。

由于时间短、经验少，本书在编写等方面可能有不足和错误，衷心希望各界读者批评指正。

本书编委会

2012 年 4 月

目　　录

一、星球探奇

二、太空漫步

一、星球探奇

我们只有一个地球

地球是人类的摇篮，也是目前所知宇宙中惟一的生命绿洲，到处是高山流水，鸟语花香。但地球只是太阳系中一颗普通的行星而已，与其他行星一样，它在自转不止的同时，还在绕太阳公转。地球的自转造成了我们习以为常的昼夜交替，它的公转则让人类体味到一年中春夏秋冬的风韵。

地球的半径为 6 371 千米，在八大行星中属于"比上不足，比下有余"的中等水平。非常幸运的是，它拥有一层与众不同的大气，成分以氮和氧为主，尽管这层大气的质量只有 500 亿亿千克，还不到地球质量的百万分之一，却一直延伸到 2 000 千米的高空中。对于地球上的生命而言，它是至关重要的"保护伞"，不仅为我们挡住了可怕的流星的轰袭（月球及许多卫星体无完肤的表面即是最好的例证），也把来自太空的无形杀手——紫外线、X 射线、γ射线等高能粒子流拒之于门外。

在地表之下，大致可以分为三大层：地壳、地幔和地核。地壳的表面是土壤和岩石组成的岩石圈，平均厚 33 千米，主要成分是花岗岩和玄武岩，质量只占地球的 0.4％，但人们所需的一切矿藏都在这里。地幔厚 2 865 千米，质量占地球的 68.1％，它呈固态，平均密度为 3 ~ 4克/立方厘米。地核物质主要是铁、镍等重元素，平均密度为 8 克/立方厘米，但在最中心处则可能有 13 克/立方厘米，温

登月宇航员见到的地球

3

度则高达 6 000℃。根据放射性测定，构成地壳的岩石年龄只有 20 亿年，比地球的年龄——46 亿年小得多。科学家们认为，它们是地球内部物质通过火山爆发和造山运动形成的。

由于有充盈的流水、宜人的温度、丰富的能源、合适的化学元素，加上大气等得天独厚的条件，现在地球上生活着 100 多万种动物、30 多万种植物及 10 多万种微生物，还有接近 70 亿的人类。

人类在改造自然、向自然索取的同时，对地球造成了极大的伤害。伊拉克，古代曾经是富饶的美索不达米亚平原，在公元前 2 000 多年时是一片葱绿，也是世界上著名的古代文明的摇篮之一。但是，由于人们在这里大规模毁林开荒，剥掉了穿在地球身上的绿色外衣，现在已变成了一片干旱的沙漠。

更让人震惊的是，2006 年 1 月 4 日清晨，一场可怕的泥石流袭击了印尼中爪哇岛上的一个村庄，大约有 200 个村民在睡梦中被埋在了污浊的泥石下，其直接原因虽然是连续 3 天暴雨引发的山洪，但一些有识之士指出，其更深刻的原因是人们对树林无限度的乱砍滥伐！

据统计，地球上每年被毁的森林仍有 1 000 多亿公顷。按此速度减少下去，不要多久，森林将从地球上消失。伐掉了森林，风沙便猖狂起来。现在，世界上已有几十个国家面临"沙漠化"的威胁。

工业发展所造成的废气、废水污染了江河湖海，污染了大气。有毒的化学农药不仅毒杀了害虫，也毒死了益鸟和益虫，还污染了农作物，损害了人体健康。而益虫和益鸟被毒死后，害虫反而更加放肆猖獗了。工业污染的另一恶果是造成了酸雨。因为酸雨的侵袭，树木

美国的自由女神像

生长缓慢，农作物生长受影响，水产养殖难以成活，文物古迹也不能幸存。千古不朽的希腊雅典女神庙和美国纽约宏伟的自由女神像，不得不穿上了"塑料衣"。

一些物种的生存也受到了严重威胁，有的已遭到了灭顶之灾。在1600～1900年的300年中，已有75种鸟兽灭绝。而自1900年以来，几乎每年都有一种生物永远消失。大自然的"报复"，不可避免地要轮到人类自己！我们要大吼一声：宇宙中只有一个地球！要珍惜它，爱护它，再也不能做贻害子孙的蠢事了！

地球生命从何而来

为什么地球是惟一有生命的星球？我们的"根"在哪里？

在科学不发达的古代，人们从腐败的尸体会生出蛆虫等日常现象中得到"启发"，于是提出了朴素的"生命自发产生论"（简称"自生论"）。公元前6世纪时，古希腊有一个名叫阿那克西曼德的哲学家认为，生命最初由海底软泥产生，原始的水生生物经过蜕变（就像昆虫的幼虫蜕皮那样）而变为陆地生物；太阳的热力会使得泥土起泡，这些泡一旦破裂就会出现生命，就像小鸡从鸡蛋中破壳而出一样；他还主张，人是从鱼衍变而来的。而我国的一些

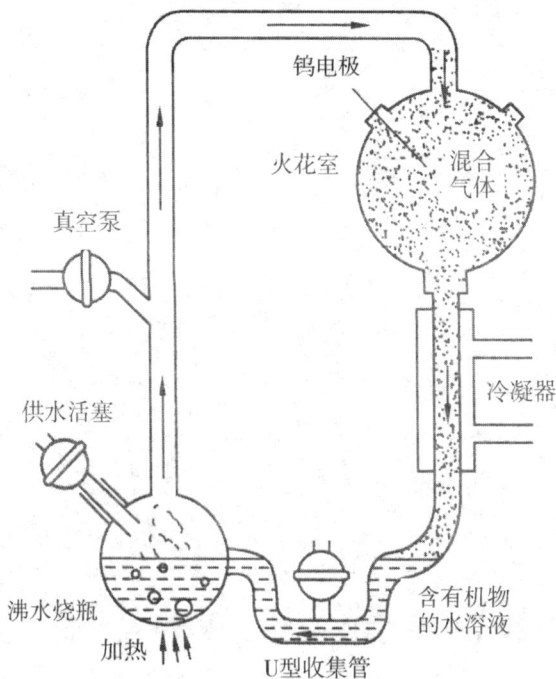

米勒实验装置示意图

古籍中，同样充斥着诸如"腐肉生蛆"、"腐草化虫"、"白石化羊"之类的记载，与"自生论"有异曲同工之处。"自生论"延续了1 000多年，直到13世纪时，人们还普遍相信，落入河中的树叶都会变成鱼，而鸟则是从那些落在地面上的树叶变来的，牛、羊等也可以由一些瓜果变来。

随着科学的不断发展，破绽百出的"自生论"终于被摒弃了。

后来有人开始意识到，地球上的生命可能起源于非生命的无机物。美国一个年轻的研究生米勒，在他的导师、天体化学家尤里的指导下，于1953年设计了一个"制造生命"的实验：在一个密封的装有水的玻璃容器中，对按一定比例混合的甲烷与氨两种气体，不断地加温与用电火花冲击，几天后，那瓶"米勒汤"内竟已含有20种有机物质！除了一些比较简单的氰化氢、尿素物质外，竟然出现了大量的醋酸、乳酸、羟基乙酸，更难能可贵的是还有着11种氨基酸，其中4种还是构成蛋白质不可缺少的成分。

米勒所模拟的正是40多亿年前地球的场景，实验告诉人们：只要条件许可，小分子的无机物（如甲烷、氨）可以在漫长的岁月中，完成向有机物的进化，进而产生出原始生命来。也就是说，地球上生命的产生完全不需要"上帝"来插手。

曾获1903年诺贝尔化学奖的瑞典化学家阿列纽斯，在1907年提出了地球生命最早来自宇宙的"天外来源说"（简称"天外说"）。他认为，地球上的原始生命，起源于宇宙中的一种生命力极其顽强的"孢子"，它们能耐受宇宙太空中的严寒，孢子外面的膜则可抵御宇宙射线的侵害，因而它们能够在光压的驱动下，越过遥远的距离来到地球……

1997年，科学家在3 000多米的地层深处，发现了一种难以想象的"地狱杆菌"。更出人意料的是，在绝无生命生存的月球上，一些极其普通的细菌也能"韬晦"良久。1969年，美国"阿波罗12号"的登月宇航员康拉德和比恩，曾从2年多前降落于月球表面的"勘测者3号"无人飞船上取回了一架照相机，放进实验室后，科学家们竟然发现，在该相机内有一些链状细菌在活动！于是，"天外说"重新得到了一些人的青睐。

此外，20世纪60年代，人们发现星际分子、彗星中含有有机分子，陨石内含有氨基酸，这也为"天外说"提供了有力的依据。1985年，英国科学家还为此做了一些实验，他们把一些枯草杆菌放入模拟的星际空间环境中（－263℃、$4/10^9$大气压的高真空及强辐射），实验的结果表明，在这样严酷的条件下，至少10%的杆菌能存活几百年之久，而实验中若加进一定的水和二氧化碳（相当于宇宙中气体分子云的状况），它们便可长时间保持生命的活力。现在有一些天文学家相信，地球上最初的有机物甚至是最原始的生命，很可能是彗星或者是陨星送来的。

地球生命究竟是土生土长，还是发端于冥冥太空？说不定现在的读者可能会在将来揭开这个谜。

"外星人"有没有到过地球

1968 年，一个名为厄里希·丰·丹尼肯的美国人出版了他的第一本"奇书"。1981 年，上海科学技术出版社出版了它的中译本《众神之车？——历史上的未解之谜》。在那本书中，他第一次比较完整地提出，"外星人"在古代时就已经多次驾驭着"宇宙飞船"光临地球。他认为，今天地球上的人类文明，都是那些"外星宇航员早已安排的结果。"那些分布于世界各地奇特的、一时难以解释的古代文物和遗迹，理所当然成了印证"外星宇航员"降临地球的"铁证"。由于丹尼肯非常善于制造悬念，在书中头头是道地引经据典，加上敢于信口开河，因此，此书轰动一时，很快风靡世界。到 20 世纪 80 年代为止，该书至少已被 32 个国家翻译成 28 种文字，销售了 5 600 万册以上，据称读者超过了 5 亿。

当然，丹尼肯的观点与科学上的"天外说"毫无共同之处。

在《众神之车》大获成功后，丹尼肯又连续写了《神的奇迹》、《众神之金》、《追寻巨石文化之谜》、《外星文明和宇宙》、《我们都是诸神的孩子》、《斯芬克斯的眼睛》等 20 多本书，形成了引人瞩目的关于 UFO 和"外星人"的系列丛书。此后，类似的著作在西方市场上层出不穷。

《众神之车？——历史上的未解之谜》一书的封面

　　丹尼肯提出的那些惊世骇俗的结论，或者是用"推测"、"设想"，或者是以"假定"、"可能"来做论证，极不严肃，逻辑也十分混乱。有时，丹尼肯视而不见一些本来早已十分清楚并有定论的人类的起源史，硬要把他的离奇看法强加于人。

　　科学毕竟不是神话，在国际学术界，丹尼肯的这些观点遭到了科学家的无情揭露和彻底批判。1993 年，美国麻省理工学院颁发的"可耻诺贝尔奖"的得主就是丹尼肯。

外星遗址

丹尼肯的著作也曾一度影响了一些中国人。某书作者断定青海省巴音诺瓦山脚下的托素湖畔发现的铁质"管状物"就是"外星人遗址"。

其实，人们曾在此湖畔发现过大量的文物：兽骨、石器、陶器、青铜器甚至人类的衣物等。这充分说明，远在3万年前，托素湖地区就已有人类活动的踪迹。为了弄清真相，中国科学院专门派出了一支科学考察队，于2001年5月来到了托素湖畔进行综合考察他们取下了一块"管状物"样品，通过高科技的化验拨开了迷雾，"管状物"与陨石及月球物质没有丝毫的共同之处，其中所谓的"不明元素"，实际上是我们常见的金属钾、铝、钠等。通过

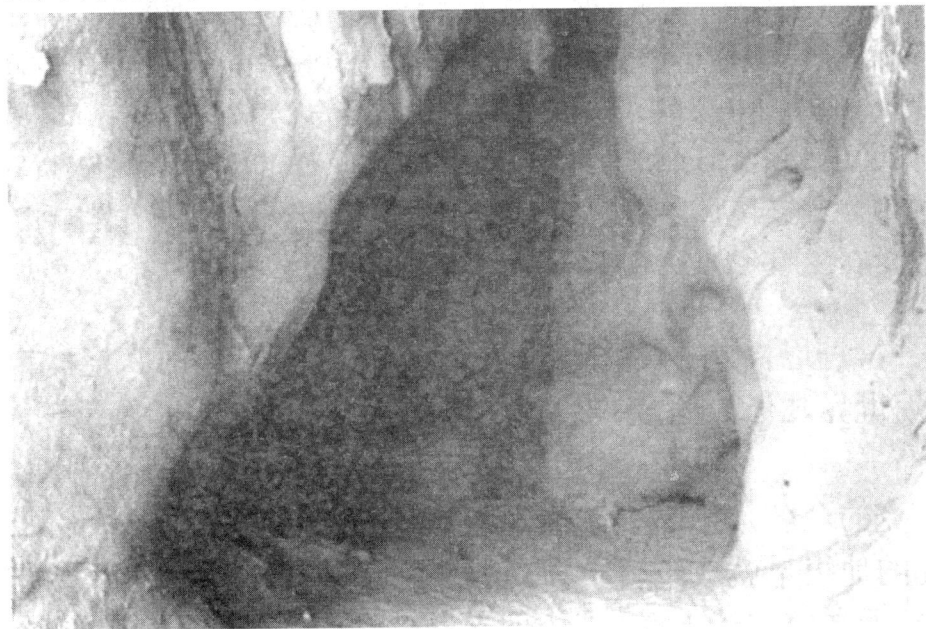

青海托素湖畔的"外星人洞"

神秘的"管状物"

研究分析，考察队还对它成为"管状"的原因做出了合理的解释——在上百万年前，由洪水的激流把一些铁质元素冲刷到托素湖一带，然后沉积在砂岩之中，再经过岁月沧桑的演变，就成了让人一时感到扑朔迷离的东西。

类似的故事还有不少。2000年秋，在新疆北部阿勒泰山脉南侧，青和县西北的一个山沟中，发现了一个散落面积达数千平方米的铁陨石群。有人便认为，这些陨石上刻有的许多"岩画"，很可能就是与"外星人"有密切联系的文物。还有人认为，四川广汉三星堆文明与外太空神秘宇宙有着密切联系。但是，这些都是没有科学依据的妄想。

从丹尼肯到海尼克

如果说，丹尼肯是"外星人"来到地球的始作俑者，那么把此推向登峰造极，使世界几亿人为之如痴似醉的，则无疑是"UFO权威"海尼克了。

海尼克的全名是约瑟夫·艾伦·海尼克，他生于1916年，自小就聪明非凡的他很早就成了科学家，历任美国西北大学天文学系的教授、天文台长、天文馆主持人、天体物理观测台台长、卫星跟踪计划领导人、实用物理实验室监督人、天文研究所所长等，后来还在"蓝皮书计划"（见下节）中担任科学顾问达20年之久。海尼克曾亲自调查过许多重要的UFO案例，处理过美国政府有关UFO的档案，批评过一些典型的UFO事例，所以一向被人认为是"美国对UFO知道得最多的人。"

而不知什么原因，后来他的态度竟突然来了个180°的大转变——从UFO反对者一下子变成了狂热的支持者，很快被人们捧称为"UFO之父"。不久，他与一些"志同道合"者一起创建了"不明飞行物研究中心"，他们对于"蓝皮书计划"所否定的那些案例，几乎都提出了相反的意见。

那么海尼克的"不明飞行物研究中心"都做了哪些工作呢？

据说，他们曾对12 600个"UFO事件"重新作了独立的调查研究。可他们

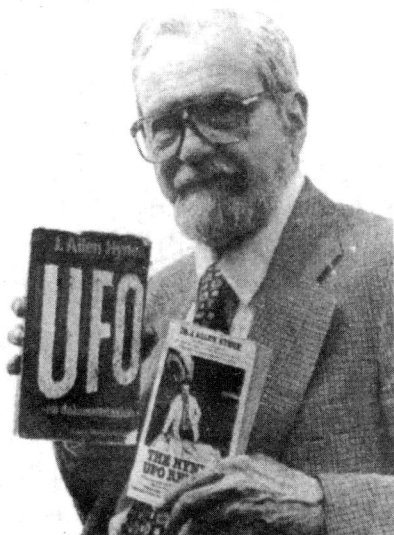

研究UFO权威人士海尼克

发现，其中的绝大多数不是 UFO，而是 IFO——身份明确的飞行物。在事实面前，海尼克本人也不得不承认，在他经手过的几万份 UFO 目击报告中"至少有 95％不是真的 UFO。"而剩下的 5％"也由于目击者的文化素质不同，观察判断事物的能力不一，还需要作进一步的筛选"。

更让他们感到气馁的是，其中还有不少是明显的"伪劣产品"，这让海尼克也感到不胜烦恼。

1967 年，51 岁的海尼克在一篇文章中信心百倍地说："如果 UFO 确实存在的话，那么在开始执行（他所提出的）方案一年之后，我们就肯定可以得到有关的照片、电影、光谱图。如有着陆事件，则还会有石膏压痕模型、详细的大小尺寸以及亮度、速度等定量值。"现在，时间已经过去了近 40 年，那些 UFO 专家依然是两手空空。

实际上，西方对于 UFO 的狂热也在不断降温，英国一个"UFO 社"的创始人，已届古稀的普朗凯特在 2001 年曾对《泰晤士报》哀叹地说："我对飞碟研究的热情是一如既往，但问题是我们现在处于一个长长的低谷期，由于 UFO 大量减少，以至于再进行结社研究就失去了意义。"这个已有 50 年历史、鼎盛时期拥有 1 500 名会员的"飞碟社"终于宣告解散了。

UFO 与外星人

最早有关 UFO 的报告出现于 1947 年，自此之后，各种飞碟报告就像潮水般地涌来，仅到 1968 年，美国政府有关部门收到的 UFO 报告已经有 12 618 起，平均每天 2 起。面对压力，并出于国家安全的考虑，美国当局于 1947 年设立了"优先件—211A"的专门机构。1948 年，美国空军也展开了"符号计划"专门调查这类事件；1950 年，它又改称为"吝惜计划"；最后于 1952 年正式确定了名称："蓝皮书计划"。

一个专门的"特别委员会"对每一件 UFO 报告进行了广泛的调查取证，剖析研究。特别委员会中的成员不乏很有造诣的科学家、声誉卓著的社会学家和心理学家等。终于，他们在 1968 年 12 月公布了结论：几乎所有这些 UFO 现象，都可以用自然现象加上人类的幻觉、人为的骗局等原因予以说明。他们还对所收集到的全部报告（12 168 起）进行了比较科学的分类，并对其中的 11 917 起（占 94.4%）都做出了令人满意的解释。所有资料已于 1976 年 7 月解密，向世界各国科学家公开，今天任何人都能到位于亚拉巴马州的美国国家档案馆去查阅这些资料。

天空中出现 UFO 可能有很多种原因：如人造卫星、飞机、气球等物体可以让人误以为是 UFO；那些流星、亮星等天文现象曾被渲染过是 UFO 的例子更是不胜枚举；而某些大气现象、地质现象也有客串的可能；而近年更发现有许多案例是人为的因素，有的是幻觉错觉的心理缺陷，还有不少是蓄意招摇撞骗……

可是有时说真话不一定受人欢迎，"蓝皮书计划"的权威结论就遭到了一些人的强烈反对，令人不解的是，持这种盲目态度的不仅是那些"目击者"

或者一般的 UFO 迷，而且还有一些科学家，其中最著名的就是海尼克博士。

在强大的舆论压力下，美国政府不得不于 20 世纪 50～60 年代重新组建科学小组来继续进行研究。但他们的研究结果仍然肯定，90% 以上的 UFO 事件都可以从天文学、物理学、生物学、地质学及人类活动中找到答案。1968 年，由 37 位著名科学家组成的联合调查小组又对 59 起当时影响最大的飞碟事件作了深入的研究。一年之后，他们发表了综合报告《UFO 的科学研究》，明确指出 UFO 与"外星人"无关。

各种形状的 UFO

不少人总认为，有关UFO的各种报告如此之多，怎么能被轻易地否定呢？问题在于所有的UFO事件始终只有"目击者"的陈述，至多加上一些模糊不清的照片，或一小段闪烁晃动的录像。

美国有家《国民询问》的报纸曾向UFO学者叫板，他们愿意出100万美元奖赏第一位能拍摄到无可非议的UFO照片的人；英国也有一家企业悬赏百万英镑，奖励首位能确证"外星人"来访的人。常言说"重赏之下必有勇夫"，可这次奇怪了，好多年过去了，这些巨额奖金却从未有人去申领过。这也从另一个侧面证明了UFO与"外星人"无关。

但是，在众多的UFO报告中毕竟还有大约5%的案例至今未能找到确切的科学解答。因此，也有一些人认为，即使与"外星人"挂不上钩，UFO还有一定的研究价值，正如一位先哲所言："先不要说不可能吧。"

飞碟坠毁事件的真相

2006 年 8 月 29 日，英国《每日快报》报道说，英国飞碟研究专家、英国国会上议院 UFO 研究组织高级顾问蒂莫西·古德在其新书《必须知道》中披露，美国政府掩盖了至少 10 起飞碟坠毁事件。

古德说，大多数飞碟目击和坠毁事故都发生在 20 世纪 40 ~ 50 年代——人类科学家研究发明原子弹的时候。

1947 年 7 月 8 日在美国新墨西哥州罗斯维尔发生的飞碟坠毁事件，是历史上最著名的飞碟疑团之一。美国军方后来向媒体声称他们找到的是一个气象气球。

1950 年，美国记者弗兰克·斯库利采访了一起飞碟坠毁事件，这架飞碟在 1948 年 3 月 25 日坠毁在新墨西哥州的法明顿市附近。据目击者描述，那架坠毁飞碟的直径足有 30 米，它具有巨大的金属环，飞碟机身上没有任何铆钉、螺钉或焊接过的痕迹。

美军调查人员当时将一根长竿通过飞碟残骸表面的一个破洞伸了进去，结果触动了一个按钮，飞碟舱门打开了，在里面发现了 16 个只有 1 米高的外星生物尸体。

1953 年，一架飞碟坠毁在美国亚利桑那州金曼市附近。坠毁飞碟上的外星人大约 1.2 米高，有两只眼睛、两只耳朵、一个小圆嘴，它穿着银色的金属服装，戴着金属帽。

1965 年 12 月 9 日，美国宾夕法尼亚州凯克斯堡有数百人目睹了一起飞碟坠毁事件。那个神秘的飞碟颜色像青铜，上面没有任何窗户、门或接缝，表面却刻有类似古埃及象形文字般的记号。

1974年5月17日，美国新墨西哥州阿尔伯克基市科特兰空军基地的监控设备突然扫描到了一处巨大的电磁能发射场，这一能量是如此之大，导致空军基地的电磁监控器指针全都超标瘫痪。

根据电磁信号来源，追踪到了新墨西哥州奇里里市附近的一个地区，在那儿发现了一个直径18米的圆形金属物。

古德的新书中列举了大量的人证，但是，这些事件都是真实的吗？这有待于美国政府的正式回复。

地外文明究竟在何处？

"火星人"企图奴役地球

1988 年初冬的一个周日，美国新泽西州一个名叫麦尔丘里的小镇热闹非凡，因为那儿有 1 000 多位居民与来自全国各地的游客，正在举办一个"火星人登陆 50 周年纪念会"。晚上全国公共广播电台还专门播放了 50 年前曾经引起轩然大波的那个广播剧《大战火星人》。

人们很早就知道，在地球的轨道之外，有着我们的一个"近邻"——火星。因为它在许多方面与地球十分相似，故素有"袖珍地球"、"太空中的地球模型"等美称。火星离太阳的平均距离是地球的 1.5 倍，接收的阳光强度相当于地球的 40% 左右；它的半径为 3 395 千米，相当于地球的 53%，质量则是地球的 1/10；火星自转一圈的时间只比地球长 41 分钟，所以火星上的一

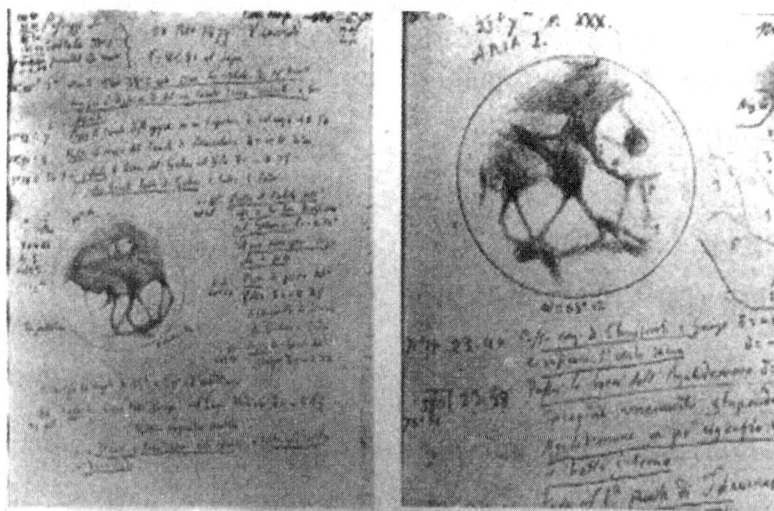

Pages from Schiaparelli's observing notebook,1879

美国一位天文学家见到的火星上的"运河网"

威尔斯设想的"火星人"如章鱼

天是 24 小时 39 分 35 秒，而火星自转轴的倾角与地球也只有半度之差。这样，火星上面也必然会有四季之别、"五带"之分。加上天文学家很早就发现，火星上有两个白皑皑的极冠，其大小会随火星上的季节变化而此长彼消，所以科学家早就断定，至少在火星的极冠中一定有水存在！

1877 年，意大利天文学家斯基帕雷利发现，火星的表面上有一些似有规律性的"线条"（Canali），哪知消息到了某些记者手里，竟变成了"运河"（Canal）！虽然这两个英文单词只有细微的差别，可真是"失之毫厘，谬之千里"。"火星运河"激发了很多人的热情，甚至一些天文学家也兴奋不已，后来竟发展到一些人说见到了纵横交叉、高度发达的"运河网"。

在地球上居然能够看见远在 5 000 多万千米外的"火星运河"，这说明"火星运河"规模之大，决非地球上的运河可以比肩。于是，当时的舆论几乎一致认为，火星上肯定存在着另一个文明世界。19世纪末，法国一个富豪的遗孀曾经带了一张10万法郎的支票，要法国科学院悬赏第一个与"外星人"取得联系的人，但是，她提出了一个附加条件：火星人应除外。1900年，法国科学院果真在悬赏中作了特别说明：与火星人的联系即将实现了，故而不在悬赏之列。在那时，人们只要检测到暂时来源不明的无线电"讯号"，首先想到的就是：莫非这是"火星人"的来电？于是不少人会废寝忘食、千方百计地想破译其中的奥秘。

从19世纪末开始，欧美的一些文学作品中开始出现"火星人"，而且，凡刊有各种奇形怪状"火星人"故事的杂志、报纸的销售量都很好。尤其是英国著名科幻小说作家威尔斯的《宇宙战争》出版后，"火星人"更成了妇孺皆知的"常识"，后来美国人把它改编成电影《大战火星人》。《大战火星人》讲的是科学技术极为发达的"火星人"为了寻找一个水源充足的"生命乐园"，决定要征服地球，生性残忍的"火星人"的先遣队到达地球后，立即凭借它们手中的先进武器对人类大开杀戒，而仓促组成的联合国部队是那么

"火星人"已在新泽西州登陆

不堪一击。正当人们一筹莫展的危急时刻，这些"火星人"却莫明其妙地一一倒毙了，原来是地球上的病毒在这千钧一发的时刻拯救了人类。对此没有丝毫免疫力的"火星人"可以在人类面前不可一世，却奈何不了小小的病毒！

1938 年 10 月 30 日正好是星期日，晚上 8 时，由《大战火星人》改编的广播剧由美国哥伦比亚广播公司播出。逼真的艺术效果，夹杂着"目击者"的报告，加上正在进行的二次大战的阴影，竟让很多听众信以为真，真以为"火星人"已经在新泽西州的麦尔丘里登陆了。还有人添油加醋地声称，他们亲耳"听到了"炮弹的呼啸声，"闻到了"硝烟与瓦斯味。于是，大批人员弃家外逃，也有好奇者四面八方赶来"先睹为快"，道路严重阻塞，交通事故不断，骚乱频频发生，甚至有人吓得自杀了。最后政府不得不出动了附近 3 个州的正规部队，才把事态逐渐平息下来。

百年争不休的"火星生命"

"火星人"只是艺术虚构，因为火星上的自然条件比人们想象的要严酷得多。它的大气很稀薄，表面的气压只有 750 帕，相当于地球 30～40 千米上空处的气压，而且其中 95% 是二氧化碳，氧的含量还不到 0.5%。那里的平均温度只有 -53℃，夏天的温度也在 -76℃～12℃ 之间，前去探测的飞船探测到，甚至在短短的几秒钟内，火星上的气压就会有很大的变化，温度也会有 17℃～22℃ 的剧变，所以说，火星上的"四季"实际上是没有意义的。飞船还观测到，火星的表面乱石嶙峋，遍地细沙，极为荒凉，根本不见水的踪影。它那极冠中的冰主要是"干冰"（固态二氧化碳），即使把其中的水全部萃取

引起巨大争论的火星陨石"ALH—84001"

出来，在火星表面也只能形成一个深不足10米的"浅水池"，根本无法与地球的汪洋大海同日而语。因此，到20世纪80年代时，"火星生命"已成了一个"历史性的名词"。

然而，到了20世纪90年代，"火星生命"竟出现了"柳暗花明"的转机。1996年8月，

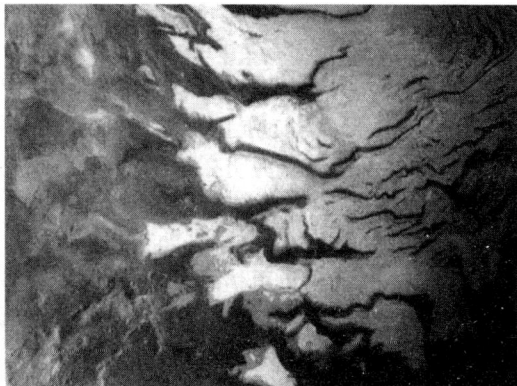

"火星快车"发现，火星南极地区有大量固态水

美国航空航天局宣布，他们在一块编号为"ALH—84001"的火星陨石中"发现了火星上过去存在过生命的确凿证据。"事实上，"ALH—84001"其貌不扬，长不过10厘米，重不到2千克，而且自1994年在南极发现后一直默默无闻。可"不鸣则已，一鸣惊人"，原来那陨石中含有两种非同小可的物质：多环芳香烃（化石）和磁铁黄铁矿形成的铁化合物。通常认为，前者是一些简单的有机物腐烂时产生的，可看作是微生物的遗骸，后者则是只有在生物的作用下才会生成的产物。现在它们同时出现在一块陨石的深层内，岂非说明火星上曾经有过生命存在！不久，英国科学家说，他们在另外一块火星陨石"η—79001"中，也发现了有着有机化合物之类的"生命的遗迹"。

尽管对此结论有众多异议，但它后来仍被评为"1996年十大科学成就"之首，重新激起了人们对火星探测的热情。于是，1996年美国发射了"火星全球观察者"与"火星探路者"两艘无人飞船，俄罗斯则实施了"火星96计划"（可惜功亏一篑）。进入21世纪后，美国又有"奥德赛"（2001年）、"勇气"与"机遇"（2004年）飞船前往火星考察，欧洲空间局则有带着"猎兔犬2"的"火星快车"（2004年）上天。

"火星探路者"曾把一辆6轮小车"旅居者"送到了火星上，证明至少在它的考察区内，史前时期的火星上的确存在过大量的水。"奥德赛"则在火星的南半球上发现了大面积的冰层，其范围之大，从南极一直延伸到南纬60°

处。众所周知，水在生命活动中起着特别重要的作用，如果火星上至今真的还有地下水在汩汩地流动，那么，将来登上火星的宇航员，一旦真的在上面找到了某些"火星生物"，也就不会让人感到意外了。

其实在 21 世纪初，美国南加州大学的一位核生物学家约瑟夫·米勒曾提出过一个惊人的论断：1976 年登上火星的"海盗号"飞船已经得到了火星上存在微生物的证据！可惜当时这个信息却被忽视了。1999 年，当米勒准备重新研究这些资料时，却发现它们已不知去向，等他费了九牛二虎之力找到时，也只能恢复其中的 1/3 左右。

火星上究竟有无生命？或者说，火星上是否存在过生命？虽然本身还是一个未解之谜，但其意义却远远超出了科学界。

金星上有没有"原始森林"

金星是地球轨道内侧的芳邻。如果说火星与地球是神似的话，那么金星与地球则只能算是形似了。从表面看，它们确实很像一对"孪生姐妹"。金星的"身高"与地球只有4.8%的差别，"体重"也有地球的81.5%，一个50千克的宇航员到金星上仍有43.8千克重（到火星上只有19千克，到月球上为8.25千克）。而且早在1761年，科学家就发现了它有着相当浓密的大气层——这也是除地球外人类所知的第一个有大气的天体。加上它又是全天空最为明亮的星星，所以西方称它是美丽与智慧女神维纳斯，而我国古代则称其为"启明"与"长庚"。

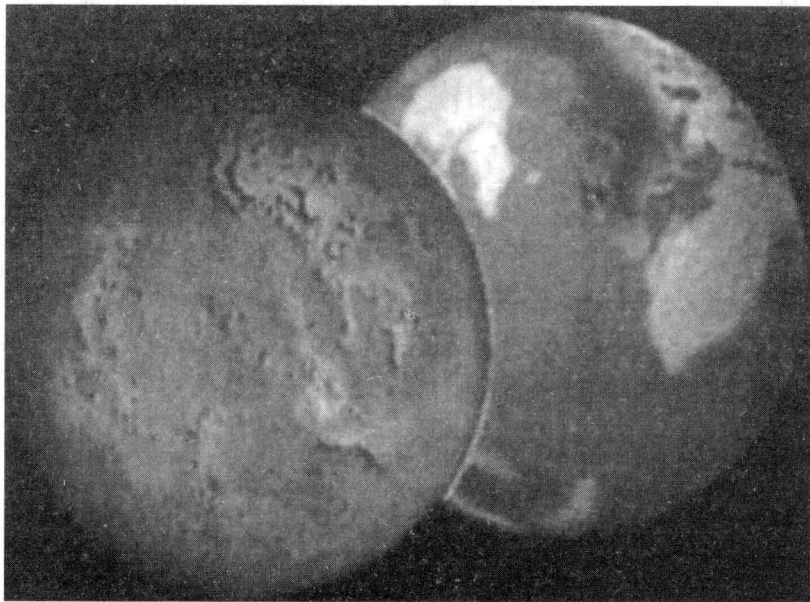

从外形看，金星与地球很相似

金星与众不同的是它的自转与其他行星的方向相反，在它那儿每天见到的太阳确确实实是从西边出来又向东边落下的，而且由于自转的速度极为缓慢，因此金星上的一天不是24小时，而是相当于地球上的117天！

金星的大气像一条厚厚的面巾挡住了人们的视线，让人无法看到它的庐山真面目。由于它离太阳更近，所以人们估量，在金星上，一定是个闷热异常的热带世界，茂密的阔叶林遮天蔽日，湿漉漉的大地上水汽缭绕，奇花异草争奇斗艳，巨蟒怪兽穿梭不绝，"金星人"则特别热情好客……

这是真的吗？

科学是无情的，愿望不能代替现实。后来人们知晓，金星的大气比地球浓密100倍，而且几乎不含氧，96%以上是二氧化碳，3.5%是氮，此外还有一些可怕的盐酸、硫酸、氢氟酸等腐蚀性极强的酸类！浓密的大气使它表面上的气压大得吓人——88个大气压，相当于地球海洋中900米处的压力。在这样的压力下，一个篮球将被压得如乒乓球那样小，所以如果真有什么"金星人"，非得有强功率的呼吸机才能"吐故纳新"。再说大量的二氧化碳所造成的极强的温室效应，使得它表面不断地升温，以致达到了难以想象的465℃~495℃，而且无论是赤道还是两极，不管是白天还是黑夜，处处都是400℃以上的高温。所以，那些熔点不高的金属如铅、锡，在金星上都会被熔化成液体流来淌去。在这样宛如太上老君八卦炉般的炼狱中，显然任何生命都是无法驻足的。

正是因为它的高温与高压，才使得美国与苏联早先发射的许多艘飞船，一路正常地飞驰，可一旦进入金星的大气后，就再也没有了下文。

最早抵达金星表面的苏联飞船"金星4号"也只坚持了一个半小时就再无声息。真正揭开金星神秘面纱的探测器是1989年美国发射的"麦哲伦号"。经

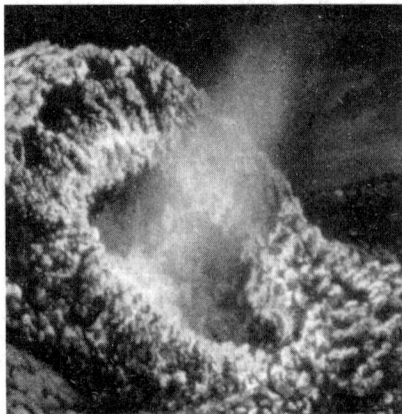

"麦哲伦"所见到的金星火山活动

过一年多的飞行，它于 1990 年 8 月抵达金星轨道后，就开始绕金星飞行，成为它的一颗人造卫星（绕转周期 189 分钟）。它离金星最近时只有 249 千米，能看清 250 米以上尺度的细节。在 4 年时间里它绕金星转了几千圈，获得了金星表面 99% 区域的三维图像，最清晰的图像分辨率达到了 120 米。

粗略一看，金星表面似乎与地球相差不大，有平原，有高山，也有深沟。最高的麦克斯威峰高达 12 000 米，但一般星球上比比皆是的环形山在那里并不太多，也有迹象表明，金星上至今还有活火山。从资料分析，在最近的 3 亿～5 亿年间，金星上曾发生过一次全球性的大灾变，因为它所有表面地形的平均"年龄"只有 4 亿岁，这与它 46 亿年的"高龄"显得很不相称。

大海啸的罪魁祸首

2004 年 12 月 26 日，圣诞节的欢乐气氛还未散去，一场震惊世界的大灾难却悄然袭来。印尼苏门答腊岛附近海域所发生的强烈地震引发了一场罕见的大海啸，10 多米高的滔天巨浪席卷了印度洋沿岸的 7 个亚洲国家和 1 个非洲国家，15 万活生生的生灵顷刻之间葬身海底，数百万人失去了可爱的家园，一些风光旖旎的旅游胜地也被破坏得千疮百孔，所造成的经济损失难以估量。

地震会引发海啸，历史上并不鲜见。据统计，仅是在 20 世纪的百年中，发生在世界各地的大海啸至少有 10 次之多。其中 1964 年 3 月 28 日发生的阿拉斯加湾大海啸引起的海浪更是高达 70 米！但因涉及范围不大，所以造成的损失没有印尼海啸带来的损失惊人。

对于这样惨重的天灾，人们不禁要问是什么原因造成的。除了各种科学观点外，也有一些骇人听闻的说法出笼。例如有人猜测，这可能是某个超级大国在试验一种秘密的生态武器引发的，而印度的一个网上则散布是"外星人"一手制造的，目的是为了"纠正地球摇摆的自转"。

接着德国媒体也报道说，这场可怕的海底大地震的罪魁祸首竟是遥远的天王星！据说天王星有一个奇特的"四极磁场"，正是这个磁场的作用，使地球的地壳板块变动，从而导致了地震的发生。

这真是奇谈。天王星是太阳系的第七大行星，也是人类首次发现的行星，发现者英国人赫歇耳因此从一个嗜好天文学的乐师一跃而成了精通乐理的天文学家。天王星的发现让人们大开眼界，导致了后来小行星及海王星的发现，这是科学史上的一段佳话。

天王星的"个头"约是地球的 4 倍，但质量是地球 17 倍多，所以它的平

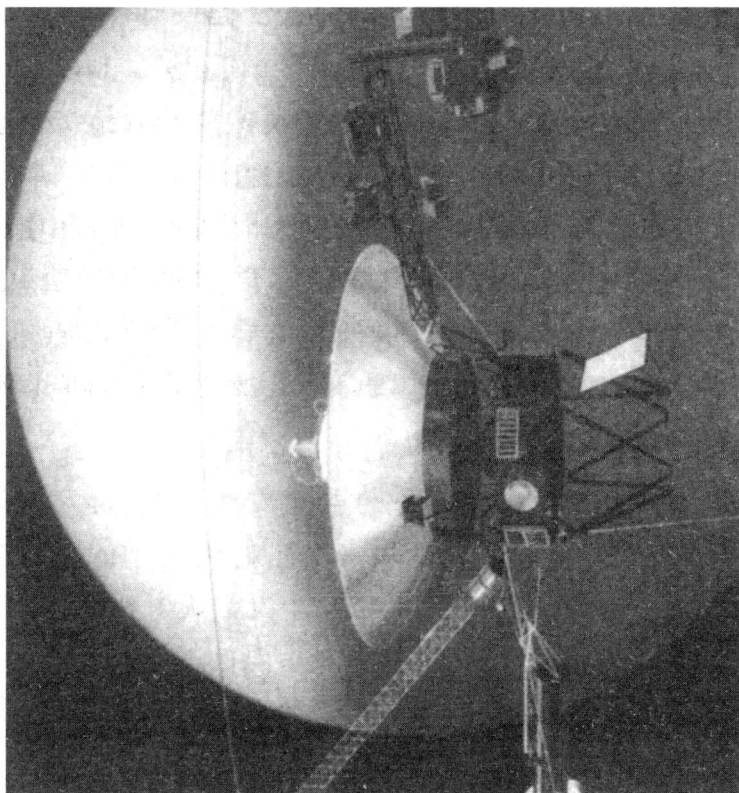

"旅行者 2 号"近探天王星

均密度只是水的 1.24 倍（地球是 5.52 倍），它的内部结构显然与地球、金星等会有很大的不同。其实，天王星最与众不同的是它的自转方式——侧着身体好像是躺在轨道上打滚。1985 年美国发射的"旅行者 2 号"飞船来到了它的身边，于是人们对它有了更深切的了解：它有一层厚达 1 000 千米的大气层，其中 80% 为氢，15% 是氮，还有 5% 是甲烷与氨；在大气下面并非是厚实的大地，而是一个深达 8 000 千米的大海，即使把火星投入也会全部沉没；由于承受着 2 万个大气压的巨大压力，这个大海的温度竟高达 3 000℃以上！

"旅行者 2 号"还证实，天王星也有着"环带"相绕，天王环共有 20 条，它们各有不同的色彩，有的偏红，有的却呈蓝色，这表明组成环内的物质各有不同。它的卫星现在已增加到 24 颗之多。不过这些卫星大多数是又黑又小的小不点，最大的天卫四半径也只不过只有 815 千米，还不到月球半径的一半大。它们黝黑的原因是其表面上都蒙有一层厚厚的如炭黑那样的有机物质。

那么天王星会对地球产生什么影响呢？这早已有了定论。天王星离太阳几乎比土星远一倍，是日地距离的 19.2 倍！在这样遥远处的天王星，尽管其质量不算太小，但其影响总是鞭长莫及的了。计算表明，天王星对地球潮汐力的作用极小，只是月球的 $3/10^9$！这好比是大象与蚂蚁力量的差距。另外，据飞船发回的资料，天王星的磁场强度并不大，最多是木星磁场的 1/20，如果真有磁场在捣鬼，也还轮不到天王星，因为木星磁场对地球的影响至少要比天王星强 300 多倍。

冥王星被贬黜

2006 年 8 月，国际天文学联合会在布拉格召开大会，其中有两项议程是讨论行星的有关问题，提案本身几易其稿，争论非常激烈，最后于 24 日进行了投票表决。冥王星终于失去了端坐 76 年之久的"行星"宝座，同时遭遇不幸的还有差点就能看到曙光的谷神星和半路夭折的"第十大行星" 2003UB313（齐娜）。天文学家们为这些被清理出行星门户的天体设立了"安慰奖"——它们被叫做"矮行星"。谷神星、冥王星、赛德娜及 2003UB313 等成为太阳系的第一批矮行星。行星世界从此有了新的章程。

事实上，关于冥王星的归属一直让人头疼不已。在 20 世纪 30 年代发现它之前，几个天文学家从理论上算来，它的质量应是地球的 2~7 倍。但发现它之后，观测表明，其质量只与地球相当。几经起落，在 1971 年前它被公认为是地球质量的 0.8 倍，半径为 3 200 千米，可是由此算出的平均密度竟达 35 克/立方厘米，比铅还重 2 倍，让人难以置信。为此 1971 年做了修正：质量为地球的 0.11 倍，半径为 3 000 千米，平均密度为 5.8 克/立方厘米。这虽可勉强接受，但仍然存在着无法将它归类的矛盾：按大小、密度似乎应与水星、金星、地球、火星一起属"类地行星"，可这类行星都在太阳附近，它却在最外面；如按距离则应与木星、土星、天王星、海王星为伍，归入"类木行星"，可它又小又密，一点也不合拍。这真像伊索寓言中的蝙蝠，因为它有双翅而不为兽类所容，但鸟类却又因它有可爬行的四肢，无情地把它扫地出门。

加上冥王星绕太阳运行的轨道又是那么的出格，特别扁长、倾斜，与其他 8 颗行星明显地不和谐，所以始终有人对它与地球等大行星"称兄道弟"耿耿于怀。在发现了"赛德娜"与"齐娜"后，对它的异议也就更为厉害了，一度有人提出，要把小行星的"老大"谷神星以及"赛德娜"与"齐娜"等一起称为大行星，也就是把行星的阵容扩大到 12 颗。

除了太阳系不断有新成员发现外，天文学家在其他恒星周围也发现了许多"地外行星"。截至 2006 年，地外行星已经超过了 200 颗。这些发现，都使得行星这一概念远远超出了长期约定俗成的范围。因此，提出一个合理的行星定义，不仅是解决太阳系新天体"身份问题"的需要，也有助于我们对太阳系以外的类似天体进行分类。

根据 2006 年通过的两个决议，太阳系内绕太阳运转的天体有（大）行星、矮行星与太阳系小天体三大类。行星共 8 颗；矮行星目前为 4 颗：冥王星、谷神星、赛德娜及齐娜；而原先的绝大多数小行星、彗星及大多数柯伊伯带天体，都属于"太阳系小天体"的范畴。

"新地平线号"飞向冥王星

2006 年 1 月 19 日 14 时（北京时间 1 月 20 日 3 时），在美国佛罗里达州卡纳维拉尔角发射场上，一枚形似钢琴、重 454 千克的探测器——"新地平线号"呼啸升空，揭开了一项耗资 6.5 亿美元的冥王星探测计划的序幕。

"新地平线号"以每秒 16 千米的巨大速度飞离地球，但由于冥王星离我们至少有 60 亿千米，实在是遥远之极，所以即使一切顺利，它到达目标时也已经是 2015 年 7 月了。"新地平线号"的主要任务是探测冥王星及它的 3 颗卫星，同时还将对更为遥远而神秘的"柯伊伯带"进行研究。这将对最终揭开冥王星及太阳系的成因提供重要的"证词"。

"新地平线号"探测器长 2.1 米，重量接近 1 吨，由美国约翰·霍普金斯大学应用物理实验室设计制造。

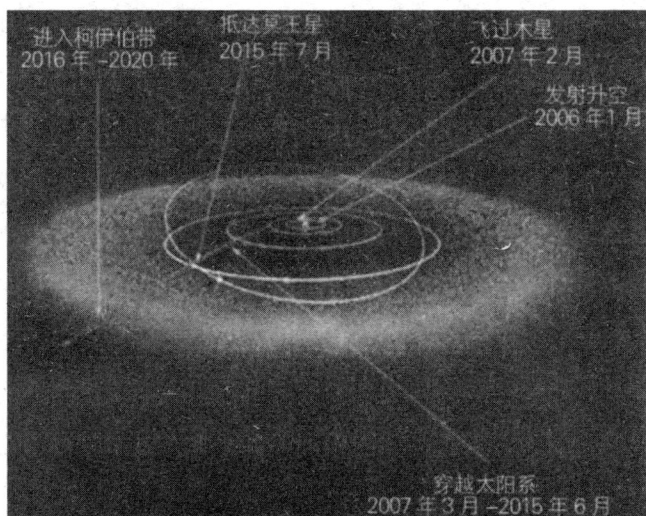

"新地平线号"的飞行路线示意图

由于"新地平线号"将远离太阳，无法以太阳能作为动力，因此它将携带 10.9 千克钚丸，利用其放射性衰变释放出的能量发电。这些钚丸装在坚固的放射性同位素热电发电机内，钚丸本身也经过特别设计，以限制其放射性向外扩散。

运送"新地平线号"的"宇宙神—5"型火箭拥有 3 级发动机，速度惊人。具体来说，"新地平线号"可以在 9 小时内飞过月球，而当年美国发射的"阿波罗"系列飞船需要用 2 天半时间。以这样的速度，从地球到木星，"新地平线号"仅要 13 个月。借助木星的巨大引力，这个探测器还将进一步提速，飞向遥远的冥王星。

冥王星是原九大行星中名副其实的"老幺"，也是迄今为止惟一没有飞船探访过的大行星。它的"体重"只有地球的1/5 000。它的直径只有 2 300 千米，这比月亮还小得多，一个月亮打碎了就可以团成 5 颗冥王星！

正因为它是那么不起眼，加上它的轨道又极为扁长，极为倾斜，离太阳最近时有 45 亿千米，最远时则达 75 亿千米，所以太阳上发出的每一束光，至少得经历 4 个多小时才能姗姗抵达冥王星。从冥王星上见到的太阳也只是一个星点，与满天的繁星相仿，只是比其他的星星亮得多而已。

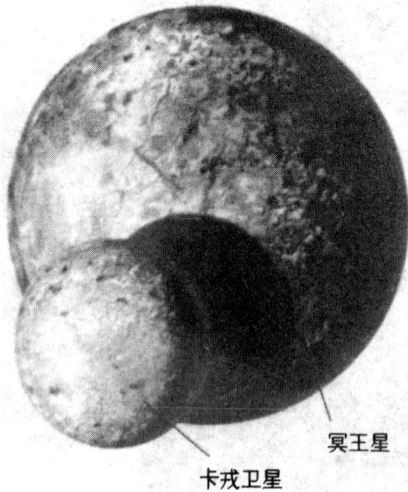

冥王星
卡戎卫星
冥王星及其最大的卫星卡戎

冥王星是一个严寒彻骨的世界，即使在阳光普照下，其地表的温度也在—223℃左右，而到夜晚，则会降到—253℃，在这难以想象的严寒中，许多东西的性质都会发生奇妙的变化，如平时很易破碎的鸡蛋，这时会变得像皮球那样，摔在地上会跳得老高，而真正的皮球却早已碎裂成细末……它常年处于昏暗的低温下，把它称为冥王星是最贴切不过的了。

冥王星被发现得很迟，1930 年 3

月，美国年轻的天文学家汤博不畏艰辛，从 1929 年 1 月到 1930 年 3 月，在一架新仪器上花了 7 000 多个小时，检查了 3.222 亿颗星象，好不容易才把它请了出来。

"新地平线号"之所以选择在 2005 年发射，其中有一个原因就是纪念它的"75 岁生日"。冥王星绕太阳转一圈需要 249 年，从发现至今它在轨道上运行了还不到 1/3 圈，人们过去对它知之不多也是情理中的事。如果不是"哈勃"太空望远镜的神威，或许我们至今也不能目睹它的芳容。"哈勃"太空望远镜的观测资料告诉我们：冥王星的表面上有一些平行于赤道的"纹带"，两极地区也可能有极冠似的冰帽，还有 12 个黑白反差甚大的区域，科学家们估计，暗的部分是甲烷冰区，亮的地方则是氮的冰区。

按计划，"新地平线号"将在 2015 年靠近冥王星，展开为期 5 个月的探测。在此期间，"新地平线号"与冥王星的最近距离将只有不到 1 万千米，距离冥王星主要卫星冥卫一的最近距离为 2.7 万千米。

"新地平线号"还将探测"哈勃"太空望远镜新近发现的冥王星的另外两个较小卫星。

除此之外，"新地平线号"还有一个重要的任务，就是研究柯伊伯带内的情况，尽管这里与该带还有不小距离，但毕竟比距离地球近多了。可以肯定的是，处于太阳系边缘区域的柯伊伯带内，存在着很多由冰与岩石构成的天体，也是众多彗星的"老家"。人们普遍认为，在这些天体上面，很可能至今还保留着太阳系当初的原始物质，通过对于它们的研究，有望能帮助科学家揭开太阳系形成的诸多奥秘。

"新地平线号"在漫长的飞行中，为了节省能量，它上面的一些科学仪器与设备，多数时间将处于"冬眠"的状态，只是为了保险起见，科学家们会每年把它"唤醒"50 天左右，并对它们进行必要的性能测试，以保证在投入使用时万无一失。当飞船驶近到离冥王星约 100 万千米时，它会自动地睁开所有的"眼睛"，全神贯注地投入紧张的工作……

好在两三年的时间并不长，让我们静候它的佳音吧！

速度极限

虽然"新地平线号"的飞行速度可以高达每小时 5.76 万千米，是人类有史以来发射的最高速飞行器之一，但它也要花 9 年时间才能完成人类对太阳系内所有行星进行初步探测的愿望。还有什么办法让飞船飞得更快吗？

2005 年 6 月，美国的"宇宙一号"飞船首次使用太阳帆（太阳反射器），通过太阳光辐射所产生的"光压"作用力将飞船送入太空。"宇宙一号"被安放在卸掉弹头的一枚洲际导弹的顶部，然后利用俄罗斯潜艇发射的洲际弹道导弹将其发射升空。按原先的计划，20 分钟后，"宇宙一号"就会被送入轨道，37 分钟后，太阳帆展开。每个帆长 14 米，8 个三角帆组成风车形状。100 天后，它的时速将达到惊人的 1.6 万千米。进行远距离太空探索时，太阳帆完全可以取代使用化学原料的火箭，因为太阳帆在不停地加速，速度越来越快。如果设计合理，太阳帆飞抵冥王星只需要 2 年时间。而传统的宇宙飞船完成这段太空之旅则需要 9 年。

可惜，发射 6 分钟后，曾捕捉到飞船的信号，显示飞行速度。紧接着，负责这次发射任务的官员透露说，太阳帆可能没有与助推火箭分离。15 分钟后，当飞船引燃发动机要进入地球轨道时，信号中断，飞船与地面失去了联系。

这次"宇宙一号"的试验虽然没有成功，但人们并没有就此偃旗息鼓。因为这次失利纯粹是某一技术环节出的问题，并不是它的理论根据不行。从理论上说，太阳帆的最高速度可以达到光速的 2%，果真如此，星际航行将成为可能。届时，给这种宇宙飞船提供动力的将不是太阳，而是安装在卫星上的功率巨大的激光器。太阳帆的另一个优势是，它不需要燃料，也没有发动机，所以可以携带更多的科学仪器和货物。

"第十大行星"之谜

在冥王星被除名之前，太阳系有九大行星，当时，太阳系内到底是不是只有九大行星历来都是有争议的话题。当年海王星的发现者之一，法国天文学家勒威耶曾为追寻"水内行星"耗费了几十年的时间和精力，结果仍是"事出有因，并无实据"，两手空空，含恨而逝。爱因斯坦的相对论也宣判了它的死刑。

但人们对于在冥王星外是否存在这个"老十"却总是心有不甘。2004 年 3 月 15 日，美国航空航天局（NASA）向世界宣布，加利福尼亚理工学院的行星天文学副教授迈克尔·布朗与其同事，利用在太空运行的一架望远镜，发现了太阳系中的"第十大行星"。据称，这颗新发现的第十大行星已被命名

2004 年发现的"赛德娜"

为"赛德娜"——因纽特神话中的"海洋女神"。

他们还测定出，"赛德娜"是一个由冰团与石块组成的天体，直径 0 在 1 280 ~ 1 760 千米，其表面温度为 -240℃，而它的自转周期也长达 40 天。它距离太阳 128 亿 ~ 1 340 亿千米（相当于 85.3 ~ 893.3 天文单位），沿着扁长轨道绕太阳公转，公转一圈的时间长达 10 500 年。

2005 年 7 月 29 日，布朗等人又宣布，经过 2 年时间的观测研究，他们认为那颗早已于 2003 年发现的编号为 2003UB313 的天体，应当就是太阳系的"第十大行星"，并称其为"齐娜"。按照他们的估计，齐娜的直径约为 3 000 千米，比冥王星还大 30%，其表面温度则在 -248℃左右。它绕行太阳一周得花 560 年。

"赛德娜"与"齐娜"真能成为"第十大行星"吗？这涉及行星的定义。以前的天文教科书上认为：行星是"环绕太阳运行的天体。本身不能发光，能反射太阳光。"但是，这个传统意义上的定义显然已经跟不上科学的进展：现在人们已经知道，如木星、土星也在"发光"——只不过它们发出的是人眼不能看到的红外线与电磁辐射。而且现在更发现了许多环绕其他恒星运行的天体，甚至还有在宇宙间自由自在飘荡的天体！

我国多数天文学家对布朗的说法很不以为然。他们有的认为，在冥王星

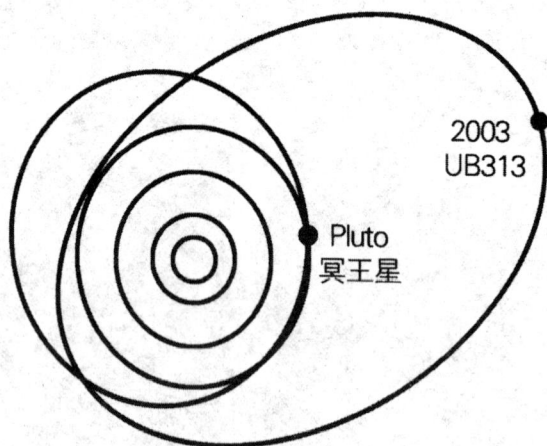

"齐娜"（2003UB313）的轨道示意图

外存在有一个"柯伊伯带","赛德娜"和"齐娜"只是柯伊伯带中的两个质量较大的天体,将其列为第十大行星的科学依据是不成立的。还有的认为,尤其是"赛德娜",它应属于小行星、小天体,把它称为"海王星外天体"更准确一些。

事实上,国外也有一些天文学家并不打算把"齐娜"算作传统意义上的大行星,比如华盛顿卡内基研究所的行星形成专家艾伦·博斯就建议把这个新天体称为"柯伊伯带行星",而夏威夷大学的著名行星科学家大卫·朱伊特则把新天体看作一个大个头的柯伊伯带天体。

有时传统的力量是十分巨大的,正如电流明明是电子从负极流向正极而形成的,但因当初人们认为是从正极流到负极而形成的,今天的人们也就接受了这种说法。

离奇的 "天狼星人"

　　1862 年，美国名不见经传的克拉克父子用他们研制的一架折射望远镜证实了天狼星确有一颗小星相伴，它实际上是一对双星。从此美国人的望远镜声名鹊起。更重要的是，人们从此发现了一种名为 "白矮星" 的新型恒星。因为从天狼伴星的大小及质量不难算出，它的密度竟超过了地球上任何东西！把那儿一个粉笔头大小的东西搬到地球上将重 100 多千克，一般人根本拿不动，以至于当年几乎没有人相信这样的事情。荣获 1907 年诺贝尔物理学奖的迈克尔逊接到一个在美国威尔逊天文台工作的朋友的电话，告诉他关于天狼伴星发现的事情，迈克尔逊惊讶地问："你说是物质的密度能比铅还大一些吗？"当他得到肯定的回答时，就斩钉截铁地说："那不可能，一定是这个理论在什么地方出了毛病！"当然，后来的事实表明，出错的却是这位一时脑筋转不过弯来的大科学家。

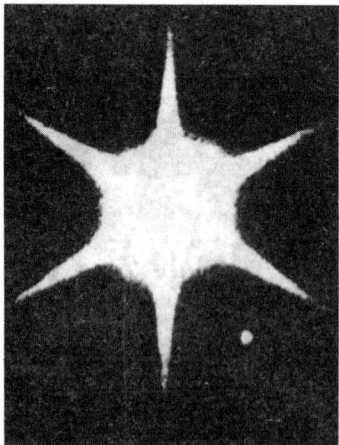

天狼星有颗神秘的伴星（下方的小点）

　　在众多有关天狼星的故事中，最轰动一时的莫过于 "'天狼星人'访问了非洲" 的新闻了。这是 20 世纪 50 年代，两位法国人类学家格雷奥勒与达特莱在论文中发表的震惊世界的消息。这两位法国人类学家曾于 20 世纪 30 年代到达非洲达贡地区（现属马里，当时是法国殖民地），他们为了科学，摒弃了殖民主义的偏见，克服了难以想象的各种困难，并与当地土著居民一起劳动、狩猎、生活，为达贡人治病，在共同生活了 20 年后，他们终于取得了土著居民的充分信任。在他们回国前，达贡人的长老们向他们二人讲述了部落的"最高机密"——达贡人所了解的天文知识：地球和其他 5 颗行星一样，都在椭圆轨道上绕太阳运行；月亮则是一个干旱与死寂了的星球；木星有 4 颗卫星；土星有美丽的光环；天狼星是由一大一小两颗星组成的，小星绕大星转一圈需 50 年。长老们说："这颗小星是世界上一切事情的开端和归宿，它也是天上最小又是最重的星，在我们地球上还找不到密度有这么大的物质……"

格雷奥勒与达特莱听说后难以置信，连文字都还没有的达贡人，尚处于刀耕火种的蒙昧时代，他们从哪里知晓了如此丰富的天文知识？他们从哪里了解到有关肉眼根本看不见的天狼伴星的情况？

这个美丽的故事很快传遍了西方世界。20 世纪 60 年代，美国考古学家坦普尔循着他们的足迹到了马里，他有目的地在达贡地区寻访，在 8 年时间里，他多次与长老及祭司们交谈，四处搜集有关的资料和实物，在回国后即写下了《天狼星的奥秘》，书的副标题是：来自天狼星伴星上的智慧生命访问过地球吗？在书中，他绘声绘色地讲述了当年"天狼星人"降临地球的情景。

坦普尔因为此书而名利双收，很快成了当时的一个风云人物。

但是，天文学家很快发现了其中的破绽，因为达贡人的那些"先进的"天文学知识，即使在格雷奥勒与达特莱刚到达贡地区的 20 世纪 30 年代，也已显得陈旧过时了，当时人们已经知道了九大行星，木星的卫星也达到了 9 颗，此外还发现了火卫、土卫、天王卫与海王卫，达 23 颗之多。而且从天体演化的角度看，天狼星的伴星不会超过 4 亿岁，在这样短暂的时间内，其旁边即使有类似地球那样的行星，也根本来不及演化出生命，更不要说是比人类更高级的生命。

合理的解释是：很可能在格雷奥勒和达特莱到达之前，已有一些欧洲的传教士到过达贡地区，他们带去了天文知识，达贡人又加进了自己的神话故事，这才促成了离奇的"天狼星人"。

白矮星的特别之处

前面讲到，天狼伴星是一颗白矮星。白矮星是一种很奇特的恒星，它们表面温度很高，可以达到近 30 000℃，而光焰无际的太阳，其表面温度只有 5 500℃左右。

在银河系内，人们已知的白矮星有几千颗。而天狼伴星（也称天狼 B）是最早发现的白矮星，也是所有白矮星中离我们最近的一颗。据现代技术测定，它的半径只有 5 080 千米，比地球还小了 1 300 千米，而它的"体重"却与太阳差不多。如此一算，它的平均密度竟高达 38 亿千克/立方米，是水密度的 380 万倍。也就是说，天狼 B 上一块山核桃那样大小的物质，在地球上将重达 380 吨，没有大型起重机休想搬运它。

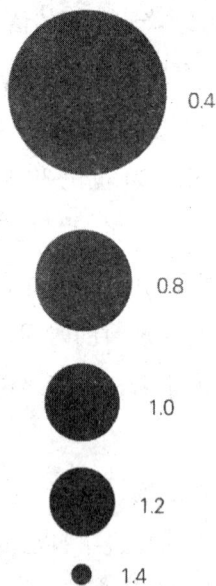

0.4

0.8

1.0

1.2

1.4

白矮星的质量越大，半径反而越小
（图上数字为太阳质量的倍数）

白矮星还有一个让人匪夷所思的禀性，我们知道，一般的恒星，其大小与质量并没有特别的限制，质量比太阳小一些（或大一些）的恒星，其半径可以比太阳略大（或小）一些，也可以大（或小）几倍。而在白矮星的世界里，一颗颗白矮星就像工厂中生产出来的"标准化"的"钢球"，凡是半径相同的白矮星，"体重"必然完全相等。

更不可思议的是，人间工厂生产出来的钢球总是越大的球越重，可在"宇

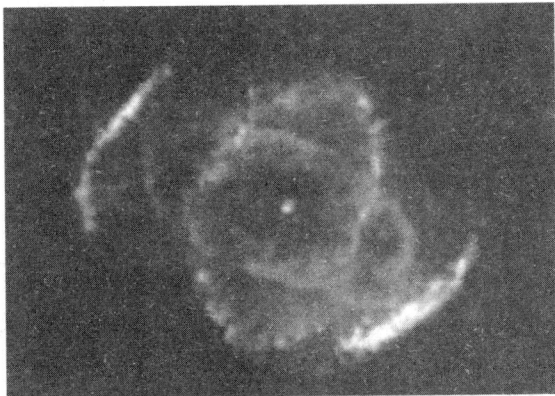

行星状星云——猫眼石星云，中间是一颗白矮星

宙工厂"中生产出来的白矮星却是反其道而行之，白矮星的质量越大，其"个头"反而越小！例如质量是太阳0.6倍的白矮星，其半径是7 700千米；与太阳质量相仿的白矮星，其半径为6 510千米，这与地球差不多；而质量是太阳1.2倍的白矮星，其半径就只有火星那么大，约3 500千米。科学家们还由此算出，它的"体重"达到一定程度后，其半径将变为0。换句话说，白矮星的质量有一个不能逾越的"上限"——所以至今人们没有发现有质量是太阳1.44倍以上的白矮星。

研究表明，白矮星可能有两种不同的产生方式，一种是通过"超新星"的爆发，它掀掉了正常恒星的外层物质，将剩下的核心部分极大地压缩，这样就有部分残骸形成了这种奇特的天体。

另外一种可能的产生方式是，很多不经过"超新星"爆发的中、小恒星，它们的内部一直在进行着氢聚变为氦的热核反应，以维持恒星源源不断地发出大量光与热，尽管恒星质量巨大无比，而且恒星上至少3/4的物质都是氢，但毕竟是"坐吃山空"，终有"资不抵债"的时候，这时它们就"和平演变"为美丽的行星状星云。在抛却表面物质的同时，也对内部施压，结果也变成了白矮星。

白矮星是恒星到了垂死阶段的一种状态。白矮星也是没有能量补充的天体，所以它们将变得越来越暗，最后消失在茫茫太空中……

"宇宙小绿人"的召唤

1967 年 7 月，英国剑桥大学建成了一个新型的射电望远镜阵，24 岁的研究生贝尔小姐负责新仪器的观测与资料处理工作。不久贝尔小姐就发现，在过去的 3 个月中，她的记录中有一个非常奇特而神秘的无线电（也称射电）讯号，它总是极其有规律地发出同样的脉冲信号。她还查明，这个神秘的"太空电台"正好位于狐狸星座的方向上。11 月，她向自己的导师休伊什做了汇报，可休伊什却以为这只是一种外界的干扰，委婉地叫她"不必理它"！

幸而贝尔小姐很有主见，这次她没有听从导师的劝告，决定一个人继续研究下去。11 月 28 日，她分析出这个脉冲讯号的频率极为稳定，为 1.337 秒。这时休伊什刚看完一本科幻小说：在某个星球上有着一种高度发达的"小绿人"，它们可以利用自己绿色的肌肤直接进行光合作用，所以可以"不吃不喝"……于是他灵机一动，把贝尔小姐发现的那个射电讯号记为"LGM - 1"——第一个"宇宙小绿人"的讯号，并孜孜不倦地探求起来，希望从此架起与外星文明沟通的桥梁。

可是到 1968 年的 1 月间，贝尔小姐发现，她收到的类似脉冲讯号至少有 4 个，它们来自不同的方向。这使她大惑不解，这么会有如此之多的"小绿人"同时向我们呼叫呢，而且它们竟会使用同样的频率？这只能说，她所面对的可能是一种过去从不知道的新型天体。

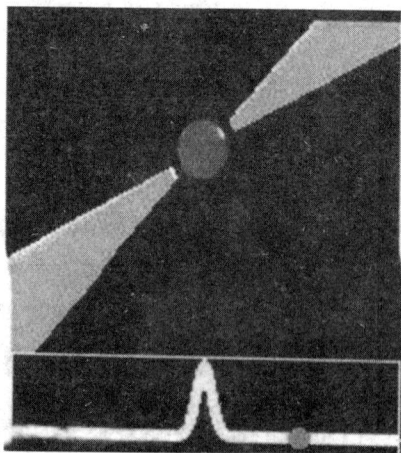

脉冲星就像宇宙中的灯塔

后来经过深入研究，这是一种"射电脉冲星"，简称"脉冲星"，并规定用"PSR"后加其坐标位置作它的名字，贝尔小姐最早发现的那个讯号就称为"PSR1919＋21"。

1968年2月，休伊什正式宣布了这个发现，后来它被列入了"20世纪60年代天文学四大发现"之一，休伊什因此荣获了1974年度的诺贝尔物理学奖。但是，休伊什的获奖引起了巨大的争议，不少人为贝尔小姐受到了不应有的忽视而不平。

后来发现，脉冲星实际上就是20世纪30年代人们所预言的"中子星"，在这种天体上，所有的原子壳层已经全部被压碎了，电子被挤入了质子之中，二者原来所带的正电与负电正好抵消，全部变成了不带电的中子。

脉冲星的脉冲周期就是其自转周期，现在所知的几千颗脉冲星的周期都在0.03～4.3秒之间，也就是说，它们快的每分钟会转上2 000圈，慢的也能转14圈。研究还表明，脉冲星的质量比白矮星大，可是其直径却比白矮星小得多，大约在10～20千米之间，由此可知它的密度之大是白矮星望尘莫及的。1立方厘米的中子星物质可能有1亿吨重，哪怕是黄豆大小的一粒东西，也得由万吨巨轮来载运。不过如果真把这颗"黄豆"运到地球上，它将没有"立锥之地"，因为它的巨大压强将压破地壳，向地球的中心飞坠而去。

与白矮星一样，脉冲星也是质量越大反而直径越小，所以它也有质量的上限——太阳质量的3倍。同样，脉冲星也是没有能源补充的垂死恒星，绝大多数的脉冲星已不再发光，只是发出很强的射电波，由于极为强大的磁场的约束，这种射电波只是集中于它的两个磁极地区（上图中的锥形区）喷射出来，所以到达地球时变成了一个个的脉冲讯号。

脉冲星的脉冲讯号极为稳定，可以与最好的原子钟媲美。例如，有一颗脉冲星的脉冲周期为0.033 097 565 054 19秒，准确度达到小数点后面14位，即百万亿分之一秒。

关于黑洞的遐想

出身贫寒的拉普拉斯曾是拿破仑身边著名的科学家。1798 年，49 岁的他提出了一个极为"荒诞"的观点："宇宙中最明亮的天体，可能是我们无法看见的。"他说，如果一个恒星的直径比太阳大 250 倍，而密度与地球相当，那么这颗恒星所产生的万有引力将会如此之大，以至使它所发出的光也会被全部"拉回来"，让人们再也无法见到它。

我们知道，要让飞船脱离地球就要克服地球的引力，必须使飞船的速度达到"第二宇宙速度"（又称"逃逸速度"）——每秒 11.2 千米。而这种"逃逸速度"取决于天体的质量、半径，而在"拉普拉斯星"上，这种速度正好是光速——每秒 30 万千米，所以在那颗奇特的星上，连光也无法逃逸出来，没有光发出，当然人们就不能见到它了。

事实上，宇宙中并没有这种"拉普拉斯星"。但是令人称奇的是，从爱因斯坦广义相对论却可以推断出，一个热核反应完全中止了的星体，将无法抵御万有引力而会一直坍缩下去：最先变为白矮星；当电子进入质子时就形成了脉冲星；若原先星体的质量超过太阳 3 倍时，这种坍缩还会继续进行，所有的物质就会集中在一个没有了大小的"奇点"上面，形成了人们常说的"黑洞"。

正像"孙悟空跳不出如来佛的手心"一样，黑洞中的任何物质包括光与所有的电磁波，

18 世纪大科学家——拉普斯

都再也不可能跑到黑洞的外面来，人们对于黑洞绝对是"视而不见"。

黑洞是宇宙中最不可思议的怪物，也是最贪得无厌的"巨兽"，不管什么物体，一旦接近到黑洞附近，就会被它不可抗拒的引力吸进洞内，再也没有了"出头之日"，而只要进入黑洞内，不论是星体还是飞船，不管是活人还是仪器，都会被无穷大的潮汐力撕碎。在黑洞内，时间与空间倒置了过来：时间已经"凝固"不再流逝，但空间却在不断地伸长，永不返回。

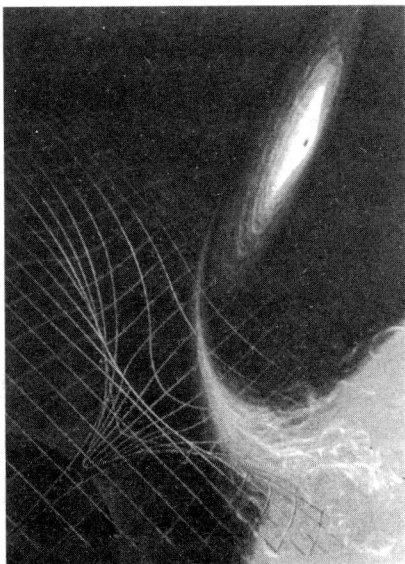

黑洞吸引着周围的一切，使时空发生扭曲

可能有人会问，既然黑洞是绝对看不见的，那科学家又怎么能找到它呢？

科学家当然有的是办法。对于恒星级大小的黑洞，最有希望的是在双星中寻觅。如果有一对双星，无论用多好的仪器也只能见到其中之一，而从那可见星的运动中能算出另一星的质量在太阳 3 倍以上，而且那一对双星又发出很强的 X 射线（因为黑洞在吸入天体时，必然会发出这种电磁波），十有八九，那颗看不见的"星"就是黑洞。经过几十年不懈的努力，现在科学家已找到了几个黑洞。

另外，在宇宙中还可能存在着质量达几十万倍太阳质量的"星系级黑洞"。1992 年"哈勃"太空望远镜就在室女星系的中心区域发现了一个质量达 26 亿倍太阳质量的巨大黑洞；1994 年它又发现在 M87 星系内也有一个巨大的黑洞。而在银河系的中心，也极有可能存在着一个 250 万倍太阳质量的大黑洞。

黑洞对地球的威胁

科学家最初认为人类无需有任何恐慌，因为黑洞被认为是固定不动的。但科学家后来找到确实的证据，证明银河系中存在流浪的黑洞。

庞大的银河系中存在着数十亿颗恒星，每一颗都处于生命周期中不同的点。

如果按常规推测，每天死亡的恒星至少有一颗。一些质量巨大的恒星在其生命的最后阶段会发生塌陷并最终演化为黑洞。拥有巨大引力的黑洞相当于无形的宇宙真空吸尘器，吞噬所到之处的一切物体，就连光线也无法逃离它的魔爪。巨大的黑洞引力实在是太可怕了！

科学家是怎样发现黑洞的呢？

黑洞并不能直接观察到，科学家主要是根据它周围的星团及恒星的运动状况判断出黑洞的存在，并根据黑洞对周围星团及恒星的引力，计算黑洞的质量等物理参数。

幸运的是，黑洞朝地球进发进而吞噬人类的可能性极低。

黑洞来袭是有征兆的，最初的征兆是夜晚天空中会发生微妙变化。黑洞引力将扭曲地球的轨道，随即其他行星以及银河系中恒星的轨道也会发生变化。黑洞距离地球越近，地球轨道遭扭曲的程度也就越严重。最终，地球将冲出它的轨道脱离太阳系，或是朝相反方向飞向太阳，致命的高温将地球上的一切生灵化为灰烬。

法国科学家在 2006 年宣布，在太阳系所在的银河系的中心"天马 A 黑洞"附近又发现了第二个黑洞。

这个黑洞是一个中等大小的黑洞，其质量只有"天马 A 黑洞"的 1/2 000，相当于太阳质量的 1 300 倍。新的黑洞距离它的哥哥"天马 A 黑洞"为 3 光年，并以每秒 280 千米的速度以螺旋方式围绕"天马 A 黑洞"旋转。

当代爱因斯坦

说到黑洞，不能不提到 20 世纪的一位奇才——斯蒂芬·霍金。

1981 年，梵蒂冈教廷科学院在一次宇宙讨论会结束时，教皇约翰·保罗二世接见了与会的科学家，当一辆轮椅载着一个精瘦的中年人缓缓驶来时，教皇竟匆匆离开了自己的宝座，跪到了这辆轮椅前，惊得在场的人目瞪口呆。坐在轮椅上的人就是大名鼎鼎的"科学奇人"斯蒂芬·霍金。

1942 年 1 月 8 日，是意大利天文学家伽利略逝世 300 周年纪念日，也正在那一天，霍金诞生于一个英国医生之家。霍金在中小学时代的成绩并不太好，以至有两个同学曾为他将来是否能成才而打起赌来。其实霍金有自己的特长：善于思考，想象力丰富，记忆力极佳。

正如西方谚语所说："上帝像是精明的生意人，在给你一份天才的同时，一定会搭配上几倍的灾难。"就在霍金在牛津大学上三年级时，他感到手指不太灵活，接着，有一次竟从楼梯上摔了下来。在过完 21 岁生日后，医生告诉他已患上了一种罕见的"ALS"病，这是一种不治之症，称为"肌肉萎缩性脊髓侧索硬化症"。虽然这种病不会影响思维活动，但会让神经细胞渐渐瓦解，使呼吸肌肉僵化，全身瘫痪窒息而死。医生预言他很可能活不到 25 岁，但在心爱的女友的鼓励下，霍金没有消极地坐以待毙，而是全身心地投入了他的研究工作。

在 1974 年后，霍金渐渐不能动弹了，终日躺在轮椅上的他，后来竟发展到全

科学奇人霍金

霍金在北京做科学报告

身只有左手上一个指头和脸上少数几块肌肉尚能活动，他那模糊不清的话语只有妻子才能猜个大概。可是连这点可怜的语言能力也未能保持多久，1985 年的一次肺炎使他永远失去了说话的能力。多亏一位电脑专家专门为他设计制造了一种软件，可以让他只用头部及眼睛的动作来控制开关，把想说的话输入到"语言合成器"中，以每分钟 15 个单词的速度"说出来"，也可以把话存入磁盘中。霍金每做一个小时的演讲，事先的准备工作至少要花 10 天时间！

霍金不仅创造出大大超过医生所说的生命极限的奇迹，还在 1974 年提出了震撼天文学界与物理学界的"黑洞物理学"。这是一门极其深奥的理论，它把广义相对论、量子力学、热力学等有机地结合起来。它的一些理论推导，往往一个公式或方程式就要写上几十页，让人看了发怵。但正是这个神奇的理论，使黑洞研究进入了崭新的阶段，不但为人们寻找黑洞指明了方向，也生动地描绘出了宇宙极早期的"大爆炸"和"暴长宇宙"的新图像。霍金也理所当然地获得了 1978 年理论物理学界的最高奖——"爱因斯坦奖"。

根据霍金的理论，宇宙中不仅有恒星级那样的黑洞，也应有大小达 0.03 光年、质量达几百万倍太阳质量的"巨黑洞"，还可能存在着只有"基本粒子"那样大小、质量在 10 万亿千克（相当于地球上的一座山）的"微黑洞"。

霍金于 1988 年所写的科普名著《时间简史》风靡世界，也受到了中国读者的喜爱。2002 年 8 月，他应邀来到了中国，做了多次科学演讲，一股"霍金热"很快席卷了神州大地。

生命的"元始天尊"

现代天文学告诉我们，所有质量比太阳大 10 倍以上的恒星，它们最后的归宿就是变成惊天动地的超新星，猛烈地爆炸开来，那颗恒星原先的外层物质全部灰飞烟灭，变成飘浮在星际空间的星云。有人比喻它所发出的强光是恒星在临死前的"回光返照"。

超新星爆炸的规模是如此之大，它所产生的能量竟可与整个银河系中千亿颗恒星一年中发出的能量相当！因此，超新星的亮度可以陡增几亿倍，就像原先是一只小小的萤火虫，顷刻间却变成了一盏特大号耀眼的探照灯。

1572 年 11 月 11 日，在仙后座内出现了一颗这样极为明亮的超新星，这使丹麦的一个贵族后裔青年第谷·布拉赫着了迷，他在日记中记下了这样的一段话："今天我发现了一颗不寻常的星，它的光是如此耀眼，竟使其他星星都黯然失色……我的知识告诉我，这个天区中以前并没有什么亮星，更不要说像现在那样明亮的星了。"为此他还特地让他的仆人、马车夫来看星空，直到他们也指出了这颗天上最亮星的方位后，他才确信这并非是他的幻觉。从此他违背家庭的意愿，义无反顾地走上了献身天文学的道路，后来还成了著名的"星学之王"。

超新星（或新星）的名字，完全是因为当时人们的误解造成的，他们以为这是新出现或新诞生的恒星。实际上它们一直存在于宇宙之中，只是因为以前

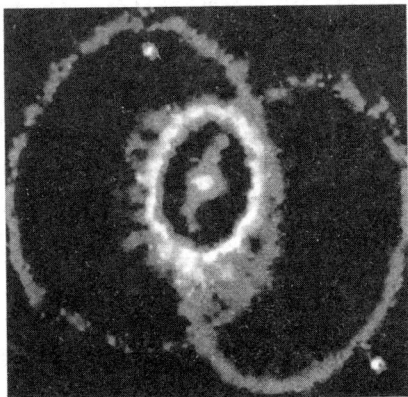

1987 年爆发的超新星 1987A

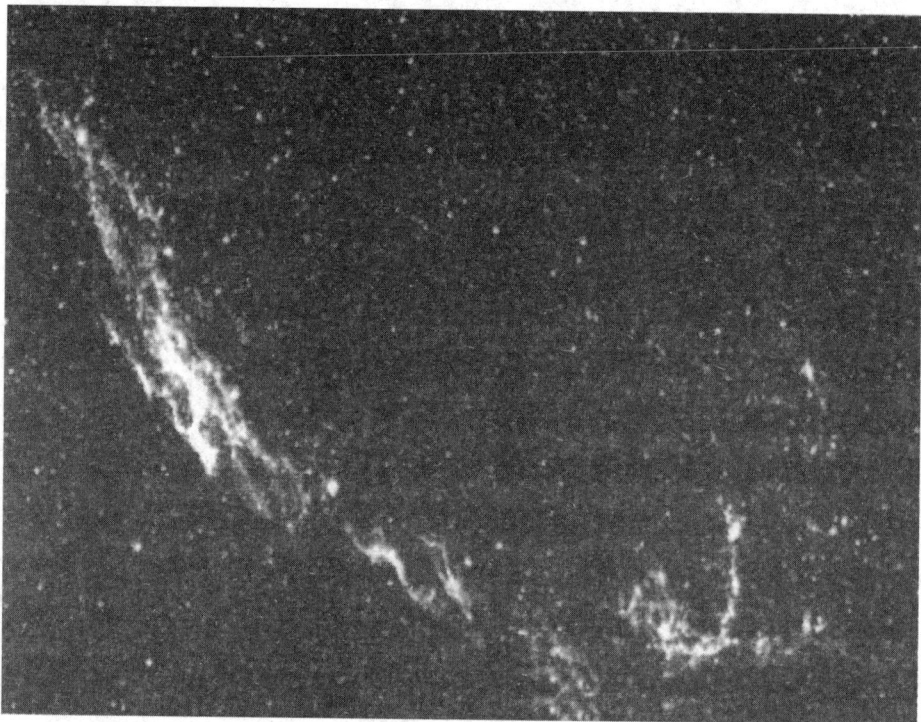

网状星云——史前某颗超新星爆发后留下的遗迹

太暗淡了，人们用肉眼无法看见而已。在公元 2～17 世纪的 1 500 年漫长的岁月中，银河系内一共才发现了 7～8 次超新星。迄今为止，在发现者的名单上，也仅有美国、澳大利亚、德国、日本、英国、法国、意大利、中国和加拿大 9 个国家。值得自豪的是，我国国家天文台的一些年轻科学家竟能在1996～1997 年的两年内连续发现了 6 颗超新星。

　　西方由于受宗教的影响，一直坚信天穹是最圣洁、最神圣的，不会有任何瑕疵与变化，因而在第谷之前，找不到任何有关超新星的古代记录。历史上发现的那 7～8 次超新星，却都能从我国的史书中找到相应的宝贵信息，如公认的世界上第一颗超新星——185 年半人马超新星，其有关记录就出现在《后汉书·天文志》中。

真应感谢超新星

对于那些大质量恒星而言，超新星那一爆，无疑是一场灭顶之灾。从此之后，它们将不再有恒星那样的辉煌，但对于我们这个大千世界而言，超新星的爆发又未尝不是一件大好事。

我们知道，世界万物无不是由90多种不同的元素组成的。但在"宇宙大爆炸"之后，世界上最早出现的仅仅只有氢与氦两种最轻、最简单的原子，这也就是为什么今天所有恒星主要是由氢与氦组成的原因所在。那么，其他的元素是从哪里来的呢？

现代研究表明，这个制造各种元素的"八卦炉"，就位于恒星最深层的内部，尤其是那些质量很大的恒星的内部。因为核聚变（热核反应）需要极高

红巨星结构示意图

的温度与极高的压力，而这两个条件只有在恒星内部才可能具备。例如太阳表面的温度只有 5 000℃左右，但在太阳的核心区，温度竟在 1 500 万℃以上，压力也达到几百亿到几千亿个大气压，一种由氢聚变为氦的核反应（也称核燃烧）的进行，就能让恒星源源不断地发出光和热。

可是，恒星内部的氢必然会有"入不敷出"的一天。这样，其外部就会膨胀开来，变成一种体态很大的红巨星，而红巨星的内部却又同时被压缩，形成了更高的温度与压力，使氦被点燃，氦的核聚变生成了两种新的元素：碳与氧。

对于质量更大的恒星，类似的过程会进一步让碳燃烧起来，它将生成氧、氖、钠、镁等。这种生成更重的新元素的反应，一直可以继续到生成铁为止。于是形成世界万物的各种元素也就积存在恒星的核心区内。

现在真是"万事俱备，只欠东风"了，如果没有超新星那么爆发一下，各种元素就只能永远地被禁锢在那儿，永无出头之日。今天的世界可能都不会存在，从这个意义上说，把超新星称为大千世界的"元始天尊"是一点也不为过的。

让我们衷心地对超新星说一声谢谢吧！

罗斯伯爵的"宠儿"

19世纪，英国有个酷爱天文学的罗斯伯爵，他的原名是威廉·帕森斯。1822年他毕业于著名学府牛津大学，门第显赫的天文学家古今中外可能就仅此一例。为了观测更遥远的天体，他以17年的不懈努力，花了30 000英镑的巨资，终于在1845年制造成一架令世界惊奇的大望远镜。它的镜头直径有184厘米，重量达3.6吨，用厚厚的木板制成的镜筒长17米。为了抗风起见，这架望远镜只能夹在两座高17米、长22米的高墙之内。因为这是当时的"世界之最"，故而罗斯伯爵得意地把他的这个"宠儿"称为"列维亚森"——《圣经》中一种巨型海兽的名字。

罗斯伯爵用他的"列维亚森"在宇宙中漫游，他先后发现了14个"星云"（后来证明它们中很多是像银河系一样的星系）。1848年他认真地观测了一个名为M1的星云，这时"列维亚森"发挥了它的无比威力，因为他分明见到在其不规则的外形里，还有好几条明亮的"细线"，形态与螃蟹有些相似，所以他就兴致勃勃地称其为"蟹状星云"。

蟹状星云的质量为太阳质量的2～3倍，距离地球有6 300光年。1942年，有位荷兰天文学家发现它至今仍在以每秒1 100千米的巨大速度向外膨胀，按这样的速度，只要十几秒钟就可以从北京到达纽约了。他推断它是900多年前一颗超新星爆发后的产物——超新星遗迹。

西方哪有900年前的天文资料？但在中国却能查到它的信息，它于1054年7月4日出现，最亮时比金星还亮，以至在白天都能见到。因此，现在世界上都称它为"中国超新星"。

蟹状星云让人们第一次确证了通过超新星的爆发，恒星变成了星云物质

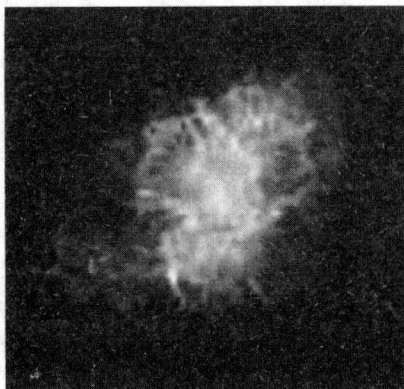

蟹状星云乃是 1054 年超新星爆发的遗迹

的设想，为恒星的晚期演化理论提供了最好的证据，因而它倍受天文学家的青睐。有人甚至说："对于蟹状星云的研究，占据了现代天文学的一半，其他所有分支的研究加起来也只与它相当。"1968 年，天文学家又在蟹状星云的中央发现了一颗极为独特的脉冲星 PSR0531 + 21，其质量约为太阳质量的 1.5 倍，由此也证明了中子星产生于超新星爆发的科学假设是正确的。更让人惊喜的是，那颗 PSR0531 + 21 还是脉冲星中的"极品"，它不只是发出射电波，而是从 X 射线到紫外、从光学到红外区域，都有辐射发出，它发出的总能量是太阳的 4 万倍。让人视为掌上明珠还因为它是惟一可以用光学望远镜见到的脉冲星，其周期只有 0.033 秒，也就是说，它能在 1 秒钟内转上 30 圈，是转得最快的脉冲星。

千姿百态的星云

在浩瀚无垠的宇宙中，除了色彩斑斓的各类恒星外，还有许多迷人的、形态各异的星云。由于这些星云一般本身并不发光，加上大多离我们十分遥远，所以除了猎户座大星云（M41）外，我们用肉眼很难见到它们那婀娜多姿的身影。

好在现在已有了威力巨大的天文望远镜，遥望这些星云人们无不惊叹它们的神奇，它们有的像怒放的玫瑰，有的如飘逸的丝巾，有的似雍容华贵的钻戒，有的与纷飞的蝴蝶无异……真是千姿百态，美不胜收。

星云物质都处于弥漫的状态，所以一般没有十分明晰的边界，其大小大致在 1~300 光年之间，平均是几十光年。小的星云质量只有太阳的十分之几，大的可能比太阳大数千倍，以此可以推算出，星云内物质极其稀薄，平均每立方厘米中只有几百个粒子（空气中是几千亿亿个），比一般实验室制造出的"真空"还稀薄得多！其成分主要是氢与氦，大致与恒星差不多，但很多星云中也有碳、氧、硫、硅、氯、镁、钾、钙甚至铁元素，更让人意外的是，在 20 世纪 60 年代，人们在这些几乎处于"绝对零度"（相当于 -273.15℃）、"绝对真空"的星云中，竟发现了一些分子，而且不少还是有机分子。现在人们发现的这种分子已多达 108 种，其中有 60 种是有机分子，分子量最大的是由 13 个原子组成的氰基癸五炔（$HG_{11}N$），含元素

形状棉桃的猎户座大星云，它也是惟一肉眼可见的星云

最多的分子则是甲酰胺（$HCONH_2$）。这也是后来地球生命来自宇宙的"天外说"能东山再起的一个重要原因。它被列为"20 世纪 60 年代天文学四大发现"之一，而开创先河的两位天文学家获得了 1964 年的诺贝尔物理学奖。

暗星云的代表——马头星云

1974 年，美国天文学家在银河系内发现了一个硕大无比的乙醇云，乙醇就是人们熟悉的酒精。他们测出，这个位于人马 A 中的乙醇云的质量是太阳的千分之一，即相当于 2 亿亿亿吨。以世界 70 亿人口计，即使个个都是海量，每人每天都畅饮上 1 千克，一年也只能消耗 26 亿吨，那它足够让人喝上 700 万亿年。

星云可分为弥漫星云（包括亮、暗星云）、行星状星云与超新星遗迹几类。从观测角度说，星云分为亮星云与暗星云两大类。前者都在发出淡淡的光，后者本身如一团黑影，只是靠了周围明亮的背景才衬托出它的轮廓。二者好像是一为照片，一为底片。不过研究表明，它们并没有实质性的区别，大小上不分伯仲，质量相差不多，内部的温度、压力也没有什么区别。亮星云完全是因为"运气"好，因为在这些星云中或其附近有较亮的恒星照耀着它们，才使它们"容光焕发"，而暗星云却没有遇到这样的亮星来惠顾它们，只是远远地在其背后有星光作衬托。由此可以推断，一定还有不少"命运"比暗星云还要凄惨的星云，它们连衬托的星光也没有，至今还明珠投暗，不为人所知呢。

生死轮回"火凤凰"

星云虽然平时不显山露水，也鲜为人所知，但是天文学家却对它刮目相看。因为研究表明，弥漫星云是"万物之初"，星云是恒星诞生的温床。

世界上到底是先有鸡还是先有蛋？这是一个人们津津乐道的话题，实际上，这也是"请君入瓮"的智力陷阱，如果是孤立地用形而上学的观点来论证，那只会越争论越迷糊。星云与恒星现在也陷入了这样的"怪圈"。

现实生活中，人们所见到的总是气体从密到稀的膨胀扩散过程，气球也只会慢慢漏气而瘪掉，但宇宙本身却是个神通广大的魔术师，由于巨大的万有引力的作用，那些外面连包层也没有的星云却会自行收缩凝聚，并向恒星转化，就像从鸡蛋孵出小鸡一样。

现在人们对于恒星的一生过程已经没有争议了：一个大质量的星云在本身的引力作用下，自行收缩凝聚并分裂成一批大小不一的"原云"，原云继续收缩，密度越来越大，演变为似云非云的"球状体"，它们已变成了较规则的球状，大小与太阳系相仿，温度也升高了几十度，渐渐变得不透明起来，与恒星所不同的是它还不会发光发热。如果说在过去这只是一种科学假设，那么自20世纪70年代，科学家已找到了这些处于中间阶段的球状体。1995年4月，"哈勃"太空望远镜对向了位于巨蛇星座中的鹰状星云（M16），它那犀利无比的神眼透视了其中心区域，"亲眼目睹"到恒

M16 中正在孕育出大量的球状体

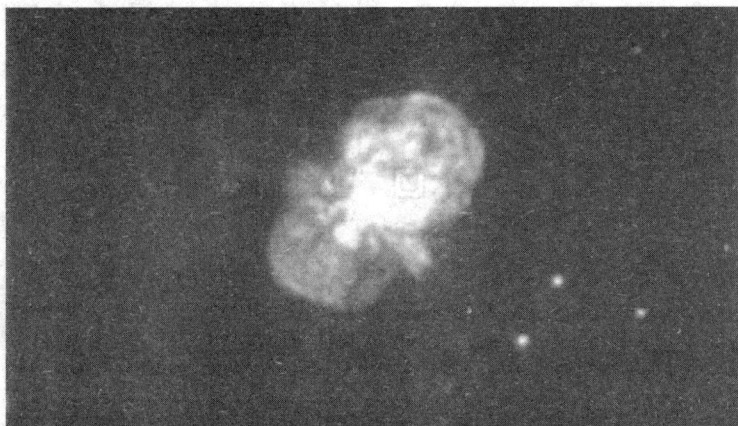

船底座 η 星是一颗正在走向末日的恒星

星在星云中"降生"的情景。接着，人们又在 M42 猎户座大星云中发现有类似的过程。

有趣的是，正如前面所说，恒星在走完它的一生一世后，无论是通过行星状星云还是经过超新星爆发，恒星物质又重新回归为星云，就好像是鸡生蛋，蛋变鸡，生生不息，循环不已。又好像是西方神话中的"凤凰涅槃"：这种神鸟在经过几百年，自感生命即将衰竭时，就会用檀香木筑起一个巢，在其中发光自焚，而当烈火烧尽了它体内的污秽后，它就从一片灰烬中获得了重生，又变成充满青春活力的新凤凰。"哈勃"太空望远镜还为我们找到了一颗"垂死"恒星的实例——船底座 η 星，尽管目前它只是一颗肉眼勉强可见的暗星，但有资料表明，在几百年前它曾是非常辉煌的亮星，其质量与发出的光都是太阳的 100 倍。大约在 1840 年前后的一次爆发，它抛出了两个气体尘埃瓣，至今它们还以每秒 700 千米的速度膨胀着……

尽管超新星遗迹与最原始的弥漫星云从外表来看似乎十分相似，成分也大体一样，都主要由氢与氦组成，但严格来说，二者还是有所区别的，其不同之处主要在于：由超新星遗迹组成的星云的化学成分，已有了微妙的改变，除了氢与氦外，多了大约 1% 的"杂质"，这包括了多种化学元素，不然众多行星上怎么会有这么多种类的元素，地球上何以会有千姿百态的生命呢？

宇宙动物园

在俄国沙皇时代，曾有一个贵族致信著名的普尔科沃夫天文台，他故作幽默："你们大概不会忘记每天晚上去喂'大熊'吧？"事实上，在过去封建王朝，不少人为了附庸风雅，常常会把一些天文故事作为点缀……

五光十色的星空中怎会有"大熊"呢？这是因为，在茹毛饮血的年代，人类最大的才华就是指认天穹中的星星，因为它们能为人们指明方向，告诉人们时间与季节，从而更好地狩猎与耕作。为了认清天上的繁星，古人们就按照自己的想象，把邻近的一些星"组合"起来，如我国古时就把星空划分为"三垣、二十八宿"，把它们想象成一个等级森严又秩序井然的"仙家王朝"，从天帝、太子到诸侯、将军……

而在古巴比伦则把星星配成一个个星座，传到希腊后，就与神话挂上了钩，于是天上除了那些英雄形象外，就是一个神奇的动物园。这也从一个侧面反映出，动物自古以来就是人类不可或缺的朋友。

开始时，人们随心所欲，有人甚至为了取悦情人，也会把某几颗星随便拉在一起凑成一个"星座"，并冠上她的芳名。18 世纪英国一个天文学家为了取悦英王，硬要命名一个"乔治竖琴星座"，接着德国就出现了"腓德烈大帝之皇冠星座"，法国人则想把猎户座改称为"拿破仑星座"……星座一度被弄得乱七八糟，让人啼笑皆非。

为了比较系统地研究星空，进

中国二十八宿中的四宿形象

63

行国际学术交流，国际天文学联合会于 1928 年决定正本清源：一律按照天上的"经线"（称赤经）、"纬线"（赤纬）来划分，并把全天分成大小不同的 88 个区域，每一区就是一个星座。每个星座所占据的星空有大有小，最大的室女星座与大熊星座是最小的小马星座、天箭星座的 18 倍，所包含的星星（指肉眼可见的星）也是有多有少，如半人马星座与天鹅星座都有 150 颗，而如小马星座只有区区 10 颗星星，而乌鸦星座内也不过 15 颗可见星。

对星座的名字，国际天文学联合会照顾到历史习惯，大多数都予以保留了下来，只废除了那些像"母猫星座"之类很不严肃的星座名称。这样一来，除了在很南的天空中的星座因为是到了近代才为人所知，故而是用了一些诸如时钟、罗盘、六分仪等一些现代仪器命名外，绝大多数的星座仍是动物与英雄们的世界。

综观星座名称是五花八门，但其中有一半即 44 个星座是动物，不仅有人们熟悉的大熊、小熊、天鹅、海豚，还有着世上没有的天龙、麒麟、凤凰等。其中有哺乳动物 20 种、飞禽 8 种、爬行类动物 5 种、鱼类 4 种、昆虫 2 种，所以有人戏称星座为"天上的动物园"。

然而，从本质而言，星座本身是没有实际意义的组合，同一星座中的恒星，可能彼此相差十万八千里，根本是"同床异梦"，毫无瓜葛。如在春夜称王的狮子星座中，最亮的 8 颗星 a、β、γ、δ、ε、ζ、η、θ 中，最近的狮子 β 星离我们仅 42 光年，而最远的狮子 ε 却远在 326 光年之外！何况这 8 颗星也是各走各的路，有的正在离我们而去，有的却在向我们靠拢，其运行的速度都在每秒几千米到几十千米之间，所以过了几十万年后，狮子的形状将会变得面目全非，让人无法相认了。

万物生长靠太阳

毫无疑问，光焰无际的太阳对于人类来说，是天空中最重要的天体，没有太阳就不会有地球上的生灵。世界上所有的国家与民族都对它敬若神明，崇拜万分。太阳是太阳系的至尊，诸多行星都在它的身旁环绕它运行不息。我们知道，太阳的直径约为 140 万千米，是地球的 109 倍，比月球大近 400 倍。如果把月球比作一颗小小的绿豆，地球就像一个儿童玩的玻璃弹子球，而太阳则相当于一个直径 1.2 米的大气球。随便从太阳上取出亿分之一的一小块，就可以揉成一个月球。从质量而言，太阳比地球重 33 万倍，太阳系中 99% 以上的物质都集中在太阳上。由此可以推算出，在太阳表面上，重力是地球的 28 倍，也就是说，一个 50 千克重的人到了太阳上，其体重将达 1.4 吨，足以把自己压垮了。

更让人惊叹不已的是太阳发出的巨大能量，通过各种不同的方法测算出，太阳在每一秒钟内，向太空中发出的能量达 3 826 万亿亿千瓦（3 826 后面加 20 个零），这真是一个无法想象的"天文数字"。不妨举这样一个例子：1952 年 10 月，美国试验的第一颗氢弹在太平洋上爆炸时，顷刻之间使得一个名为埃卢也拉普的小岛从此消失，其威力非同小可，可与太阳相比，却是"小巫见大巫"了，因为太阳发出的能量足以与 900 颗大氢弹相当，而且是每一秒钟都同时引爆 900 颗！

从古埃及的壁画也可以看出他们对太阳的崇拜之情

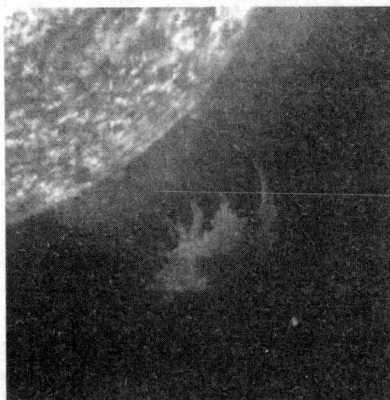

日面上不时会有日珥抛出（右下小点是地球，以示相对大小）

值得庆幸的是，地球距离太阳有1.5亿千米远，这个距离现在也常称为"天文单位"，用来量度行星间的距离。正因为有这段距离相隔，所以地球上只得到了太阳能量的22亿分之一——相当于从1万人的头发中取出1根而已。

可千万别小看了这"九牛一毛"，因为一年有365天，一年中地球上得到的太阳能量也非同小可，折合成电能是58亿亿千瓦小时，以每度电0.50元计，就是29亿亿元，以全球70亿人计，每人可得到4 000万，岂不人人都是千万富豪？

太阳如此神威的原因有二，第一是它的温度骇人，其表面温度达5 497℃，即使是"不怕火"的金子，到了太阳上也会顷刻间化为一团"金气"蒸腾而去。第二是它特别巨大，小小的电烙铁温度可以熔化锡，但它对人体的伤害往往不及一暖瓶开水，就是因为电烙铁的质量太小了。

从肉眼看来，太阳总是那么温和宁静，其实它的表面上如同一锅煮沸的粥，一直在翻腾不已。那些"米粒"（实际上至少有1 000千米大）上下翻滚，此消彼长，它们比四周日面的温度还稍高100℃～300℃，但寿命只有十几分钟而已。此外，日面上还不时会有一团团形似"耳朵"的炽热物质窜出，这就是日珥。日珥有各种不同的形状，有的如拱桥，有的像喷泉，有的似礼花……日珥内的温度常高达10万℃～20万℃，它以每秒几十米到数百千米的速度急剧上升到几十万千米的高空，一般在经过半个多小时后就自行瓦解，最后飞飞扬扬地落回到日面上。

日面上还有黑子。黑子其实不黑，黑子内的温度也有3 000℃～4 000℃。如果把一个大黑子单独取出来，它会发出与明月相当的光亮。多数黑子呈椭圆形，大小至少在700千米以上，最大的黑子可放得下几个地球。黑子出现的多少是有规律的，最多时称极大年，反之是极小年。研究表明，在极大年太阳常会有剧烈的活动，这会对地球产生不小的影响。

解码星座算命

在科学技术不发达的古代，人们在大自然面前，总是显得软弱无力，所以他们常常把许多事情都归结为"天意"，认为在冥冥之中，总有一只"万能的手"，在操纵着世事的变化。为了探寻这种变化的原因，人们最容易想到的就是天上那闪烁不停的星星，于是星占术（也称占星术、星相术）应运而生。

还有一些人总是怀有一种奇特的心理，喜欢寻求刺激，追求"神乎其神"的人与事，对于那些本来没有科学根据的星占星相，常会津津乐道地添油加醋，为他们作义务宣传。正因为这样，一些本是无稽之谈的东西才会泛滥开来。

据 2001 年 3 月 7 日上海一家报纸报道，很多年轻人沉湎于"星辰算命"。有一些中小学生也热衷于互赠"星座卡片"，交换"星座护身符"。

前面讲过，星座本身是没有实际意义的组合，是人们"拉郎配"的产物。再说，同一星座内的恒星也在"各奔东西"，朝着不同的方向疾驰而去，一年两年不觉得，十年百年也无妨，但千年万年下来，它们原先的形状将迥然不同。如著名的北斗七星（大熊星座的躯体和尾巴）在 10 万年之前、10 万年

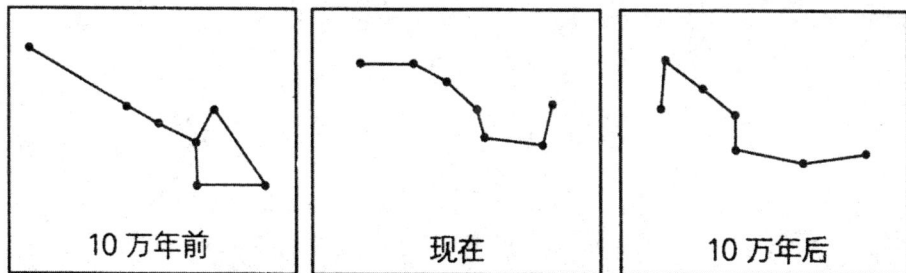

| 10 万年前 | 现在 | 10 万年后 |

20 万年间，北斗的形状改变之大，令人吃惊

之后，其形状的变化之大，还有几人能识得？

　　还有，星占所据的是黄道（地球公转轨道的反映）上的 12 宫，而实际黄道上有 13 个星座，那是因为人为地把那个没有亮星的蛇夫座排除在外了。这 12 宫传到中国来后，由于一些人的天文学知识少得可怜，所以在星座名称上也"牛头不对马嘴了"，如人马宫变成了"射手宫"，室女宫被称为"处女宫"……十二宫中有一半出了错。由此可见，星占家们所作的"预言"有多少科学价值，不是一清二楚了吗？

黄金时代主序星

人们常说，太阳是离我们最近的恒星，恒星都是遥远的"太阳"，我们赖以生存的太阳只是极其平常的"普通一兵"而已。在天文学上，它们都被归成主序星。

在银河系的几千亿颗恒星中，90%左右的恒星都属于主序星。纵观恒星的一生，主序星是它们"年富力强"的"黄金时代"。在这个阶段，它们比较稳定，不但是在太空中的位置不会变化，而且其亮度也是稳定的。尽管主序星内部的热核反应十分猛烈，所耗损的氢也非常可观，但因为主序星上绝大部分的物质都是氢，所以在数以亿年计的时间内，可以高枕无忧。

由于当初形成恒星的"原云"有大有小，所以生成的恒星的质量也各不相同。对于那些质量小于太阳质量0.05倍的过分小的原云，它们所形成的恒星虽然也能光耀一时，但因为它们内部的温度与压力不能点燃氢，所以其核心内所进行的是诸如氘变锂、铍、硼等再继而生成氦那样的反应。虽然这些反应也能产生一些能量，使它们发出一定的光与热，但因为这类反应不是循环式的，原料也极为有限，所以不久就会"熄火"。这些恒星过不了几十万年，就会变成某些闪烁不停的变星，最后黯然退出宇宙这个"历史舞台"，消失在茫茫太空中。

如果原云过大，尤其是那些质量比太阳大120倍的原云，它们所形成的恒星内部的温度与压力非常大，使得内部的核燃烧过分剧烈，星体本身也会因无法承受而土崩瓦解，它们同样也不会演化成像太阳那样的主序星。

目前天文学家确认，太空中所有恒星的质量都没有超越太阳质量0.07～120倍的范围。

恒星的质量越大，它们的表面温度就越高，所发出的能量也就越多，因而星光的颜色也就越蓝，如欧型星，它们的表面温度可达25 000℃～40 000℃，它们个个都是比太阳质量大好几十倍的"大个子"；那

猎户座中一个天体在短短 7 年中就有了明显的变化，表示了原云的收缩

些只能发出红光的 M 型星，它的"体温"就只有2 600℃ ~ 3 600℃ 了；太阳属于 G 型星，其质量与温度都处于"比上不足，比下有余"的中间状态。

以前人们一度认为，恒星与一个不再有燃料添加的火炉一样，会从高温星慢慢变为低温星，如从 O 型星开始，先降温为 B 型星，再变成温度更低一些的 A 型星……当初人们以为，温度高的 O 型星、B 型星、A 型星一定是刚诞生不久、年龄不大的恒星，于是称它们为"早型星"；而那些温度低的 K 型星、M 型星，一定是老态龙钟、年龄最老的恒星，所以称它们为"晚型星"；像太阳那样处于中间状态的 F 型星、G 型星则理所当然地是"中型星"了。但后来发现，这完全是一种想当然的误解，早、中、晚并不是它们的年龄次序。恒星的类型如同人的"血型"一样，是终生不会改变的，它们完全取决于当初形成它们的原云的质量。原云越大，所形成的恒星温度越高，反之，形成的恒星温度越低。

更让人感到意外的是，恒星的质量越大，它的寿命反而越短。如一颗质量为太阳 32 倍的 O 型星，它发出的光与热是太阳的 600 万倍，所以它的寿命甚至不到 100 万年。而如太阳那样的恒星，它们能够"活"上 100 亿年是毫无问题的。那些质量只有太阳 1/5 的 M 型恒星，它们的理论寿命竟长达 2 000 亿岁，与宇宙至今不过 150 亿年的历史相比，它们可以说是长生不老了。

从星数统计也可证明这一点：在离太阳 1 000 秒差距的范围内，共有 44 340 颗恒星，其中 O 型星只有区区 10 颗，B 型星与 A 型星稍多些，但也只各有 400 多颗，这样说来早型星只占总数的 2% 左右；中型星的 F 型星、G 型星分别为 3 500 颗与 6 000 颗，晚型星的 K 型星、M 型星最多，分别是 9 000 颗与 25 000 颗，中型星与晚型星分别占的比例是 20% 与 56.4%，由此可见，恒星质量越大寿命越短（故而星数越少）的理论是正确的。

难以想象的距离

"新地平线号"飞船向冥王星进发了，路途漫漫，遥远无比。在太阳系中，冥王星真是太远了。但是，在太空中，那几十个"天文单位"的距离，根本不值一提。在说及恒星间的距离时，若用"天文单位"就会像用称量金器的天平去称大象那样笨拙与无奈。

恒星间距离的单位是"光年"或是"秒差距"，前者是指光在一年中走过的距离，比较形象直观，但后者科学性强，所以一般天文学家更喜欢用"秒差距"。"秒差距"作为距离的单位，其值是指"视差"为1角秒（1°的1/3 600）时的距离。到目前为止，还没有发现视差超过1角秒的恒星。在天文学上，如何得知恒星间的距离呢？如果距离以秒差距作为单位，那么恒星间的距离正好是视差的倒数。如比邻星的视差为0.77"，其倒数1/0.77 = 1.29秒差距。

虽然视差是个陌生的名字，但并不难理解。为什么人和动物都有两只眼睛？当然有它的道理。因为只有左右分开的双眼，才会产生远近的感觉，我们说分开的双眼产生了视差。

举一个例子来说，把一只苹果放在眼前，用左眼和右眼分别看它，你就会发现，苹果会落在不同的背景上，这个角度差就是通常说的视差角，其一半称为视差。由于人的两只眼睛分隔得并不太远，间距在6~7厘米，所以对于很远的物体所产生的视差很小。例如，把3只苹果分别放于498米、500米和502米的地方，虽然它们的视差有10角秒的差别，但肉眼已无法区别，于是会认为这3只苹果一样远了。

同样的道理，尽管太阳离我们的距离比月亮远几乎400倍，但从肉眼看

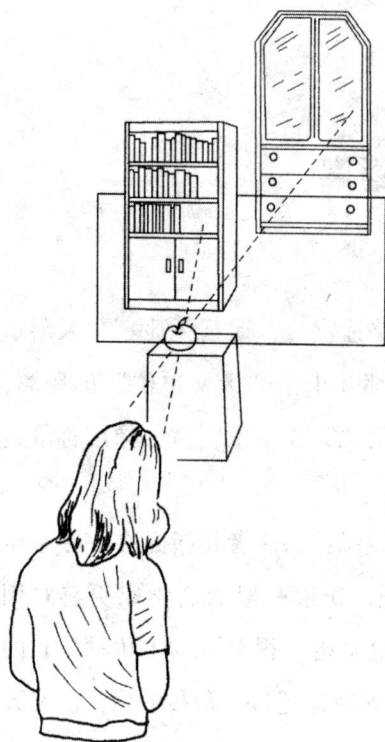

两眼看苹果，就会有视差让人知道它在书柜前

来，它们却是一样的"远在天边"，而千万颗恒星虽然比太阳远几十万、几百万甚至几千万倍，可给人的感觉是它们都镶嵌在一个穹状的"天球"上。

恒星实在太遥远了，除了太阳之外，离我们最近（视差最大）的比邻星（半人马 α 中的 C 星）只有 0.77″，相当于把一枚 1 元硬币放到 6 700 米外的地方所见到的大小。

绝大多数恒星间的距离都在几十、几百、几千秒差距之上，在 3 秒差距（约 10 光年）以内的恒星总共只有屈指可数的 11 颗。

与浩瀚的宇宙相比，恒星实在是太稀零了。有人做了形象的比喻：如有一只长、宽、高都为 3 000 千米的大箱子，它足以把整个中国装进去还绰绰有余，可里面却只有一只蜜蜂在飞来飞去——恒星在宇宙间就是这样稀零。

最远的天体距离有 100 多亿光年，很多天文学家认为，距今约 130 亿~125 亿年间，宇宙中的第一缕光线得以闪亮。宇宙中的第一缕光线是从哪里来的呢？

瑞典乌普萨拉天文台天文学家尼尔等人发现，宇宙中第一缕光可能来自星系内恒星的诞生。尼尔等人用美国宇航局的 FUSE 卫星观测到的数据发现，星系内部恒星诞生时产生的电离辐射有 40%~10% 可以逃离星系的束缚，这使很多聚集到一起的小星系有可能释放出足够的辐射让光得以传播。

波江ε星和鲸鱼τ星

坚信银河系中有着众多"星外文明"的美国天文学家德雷克，一直在孜孜不倦地寻找着人类的"知音"。1960年4月28日，他把一架直径28米的巨型射电望远镜指向了一颗恒星。那是他精心挑选的波江ε星。后来这架巨型射电望远镜也曾对向过鲸鱼τ星。

为什么德雷克会对波江ε和鲸鱼τ这两颗星情有独钟？为什么他不对最近的比邻星多花些工夫？比邻星的学名是半人马α，我国称之为南门二，这是一颗仅次于天狼星与老人星的第三亮星。但实际上，半人马α有三颗恒星纠缠在一起，是一个"三合星"。其中的A星最大也最亮，B星比它暗，所以B星一直在绕A星旋转，二者之间只相距23.5天文单位！这在恒星世界可以称是"零距离接触"了。不仅如此，在20世纪50年代，人们又发现了它还有"第三者"C星，可能是因为它的质量只有A星的9%，所以显得很胆怯，只是远远地躲在一隅向A星、B星暗送秋波，它在离它们0.03秒差距（相当于630天文单位）处绕着它们转动。

虽然"三合星"是宇宙中有趣的天体，可对生命而言却不是好事，因为研究表明，它们之间互相"拉拉扯扯"，会使得周围没有行星的立足之地，没有行星也就断绝了产生生命的可能，因此比邻星被德雷克弃之不顾。

而波江ε星不同，它是一颗难得的极有希望的主序星，尽管它离地球有3.27秒差距（10.7光年），却比其他离地球更近的恒星更有价值。它与太阳很相似，质量只比太阳小了0.02%，表面温度比太阳略低一些（鲸鱼τ也相仿），很可能它周围就有行星在相绕，所以说不定那儿会有聪明绝顶的"波江ε人"（或"鲸鱼τ人"）。德雷克希冀能有万幸听到这两颗星附近行星上智慧生命的喁喁细语……有趣的是，他在 5 个月中监听了近 400 个小时后，的确曾发现了 8 个很强的特殊信号，当时有些人还因此激动不已，可是深入研究后却让人气馁，原来它们都来自地球上，都是人类自己发出的信号。

虽然当时此项工作未能取得振奋人心的结果，但仍激起了人们巨大的热情，英国、日本、加拿大、苏联等国的科学家，自发地对更多的恒星采取了监听行动。据说苏联于 1973 年曾破译了一个来自波江 ε 发来的"密电码"："波江 ε 人"的宇宙飞船此刻已经到达了"你们的卫星（月球）附近"。可是，30 多年过去了，已经到达了地球家门口的"波江 ε 人"却依然杳如黄鹤。

1977 年 8 月，又曾传出美国有人收到了一个非同寻常的奇特信号，乐观者甚至已经肯定，"它不会来自地球"。可遗憾的是，后来也没有了下文。

50 亿年后的太阳

当恒星内部的氢快消耗完时，内部的物质大多变成了"灰烬"——氦，虽然在恒星的外层和中间层上，氢还有的是，可它无法下沉到内部中心区域。于是，内部的热核反应难以为继，终于慢慢停止下来。与此同时，在这颗恒星中间层上的氢则会被点燃而开始燃烧，于是恒星的外层就急剧膨胀起来。由于热核反应所产生的能量比以前大大减少了，而此时恒星发出光和热的表面却大大增大，这就必然导致恒星的表面温度很快下降，发出的光也变成红色。于是主序星就会变成如天蝎 α（心宿二）那样的红巨星。

红巨星都是十分巨大的恒星，它们的半径往往比太阳还大上好几百倍甚至上千倍。例如那颗红红的恒星天蝎 α，其表面温度只有 3 600℃，但它的半径达 4.2 亿千米，几乎是太阳半径的 600 倍。因为它的质量只是太阳的 25 倍，所以不难算出，它的平均密度只有太阳的千万分之一，比地球上的空气还要

红超巨星、红巨星与太阳的大小相比

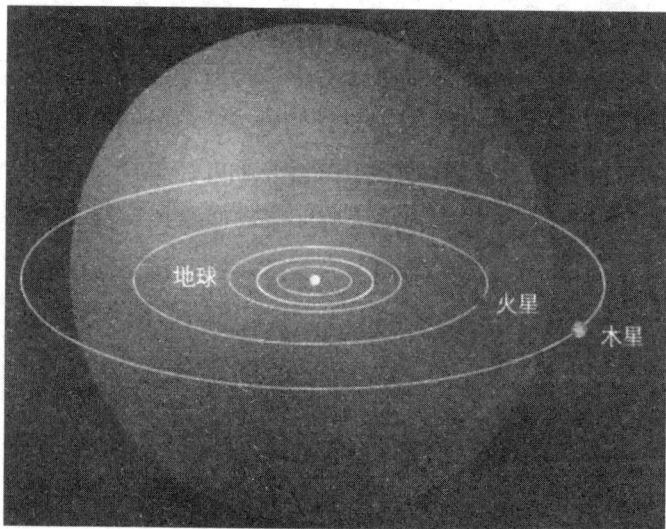

50 亿年后太阳也将变为可怕的红巨星将吞没水星、金星、地球、火星

稀 7 400 倍，它实在是"腹中空空"。

宇宙中比它更大的星还有的是，因为它们比红巨星更大，所以常称为红超巨星。目前所知最大的红超巨星可能是御夫 ε（柱一），它是一对巨型的双星，从体态而言，那颗伴星 B 星更大一些，是太阳半径的 3 000 倍。如把太阳比作 0.1 毫米的一颗尘粒，天蝎 α 就相当于橘子大小，而御夫 ε 伴星 B 星则比篮球还要大一些。

再过大约 50 亿年后，太阳也会走上这条不归之路，那时，不光水星、金星要被极度膨胀的太阳所吞噬，恐怕连地球、火星也难逃这可怕的厄运。好在 50 亿年是遥远的未来，地球从诞生到今天，也不过 46 亿年的时间，所以今天的人类大可不必为此担惊受怕。

一般的红巨星都不像主序星那么"安分守己"，常会有一些物质抛射等活动。还有少量红巨星（一般是质量较大的），其核心区的反应是灾难性的，所有的氢会一下子全部燃烧起来，从而使整个恒星爆炸，一部分物质重新又化作星云。不过大多数红巨星，特别是质量不是很大的红巨星，还是会走"和平演变"之路，它们慢慢地演变成各种"变星"，再通过行星状星云形式，演变为内部主要是碳和氧组成的白矮星。

魔术大师的魅力

大多数红巨星后来都会演变成"变星"——它们所发出的光与热不再是稳定的，而是时时都在变化着。如有颗鲸鱼 O 的变星，其星光变化之大可以让它在一段时间内相当明亮，而在另外一段时间内暗得肉眼根本看不见，就像"隐身"了似的。

变星有很多种类，但最多、也是最重要的是那种明暗变化很有规律的脉动变星。脉动变星亮度变化的原因是它的半径在有规律地收缩、膨胀，半径变化的幅度可以达到15%左右。这无疑又是宇宙中的一大奇观，一个半径百万千米的巨大火球，一会儿像气球充气那样，向四方扩展开来，一会儿又泄气了，慢慢瘪了下去，而且这种胀缩十分准时有序。驱动这样一个庞然大物的巨大能量来自何处，至今还是一个不解之谜。

尽管人们还不知其所以然，却不妨碍天文学家巧妙地利用这种变化规律——从它们的脉动周期可以准确地测定出它们与地球的距离，成为一把非常有用的"量天尺"。

事情还应从 1908 年说起，那时有一位刚届不惑之年的巾帼女杰勒维特，她当时正在研究银河系之外的两个星系——大、小麦哲伦星系。她在长年的观测中发现，那儿有 25 颗这种脉动变星，它们星光的变化很有规律，与早就知道的仙王 δ（造父一）如出一辙，完全可以预报下一时刻的光亮是多少，天文学家便把它们归为"造父变星"一类。当她把这 25 颗造父变星按照变化周期大小排列时，竟意外地发现了新的规律：光变周期越短的造父变星，其星光也越暗，标到特定的图上，就是一条直线关系。

勒维特发现的造父变星存在着"周（期）光（度）关系"立即引起了轰

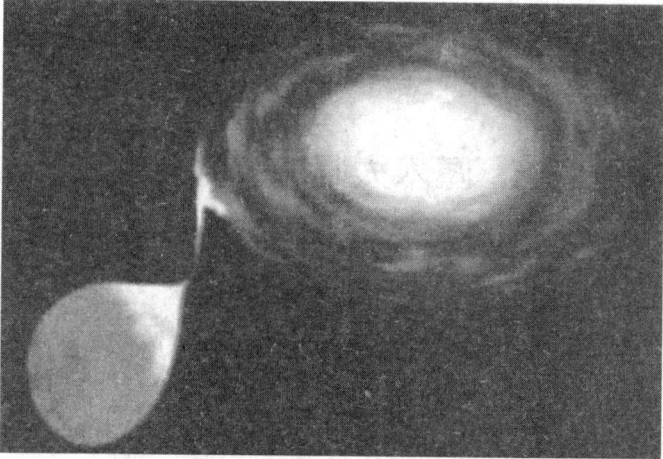

新星是密近双星中物质交换引起的爆发现象

动，因为它们的光变周期是能轻而易举得到的资料，依据这个关系人们就能算出某颗变星实际的发光强度，从而算出它离地球的距离有多远了。这就好比有一盏 100 瓦的电灯，科学家能从接收到的光强推算出它离我们距离是一样的道理。

当星体的距离超过 100 秒差距后，视差法的误差太大，就会力不从心，而在 100 秒差距内的天体并不多，这时造父变星的周光关系就能大显神威了。事实上许多银河系外天体的距离，就是靠了它里面的造父变星才知道它们的远近的。

还有一类变星虽然没有什么规律可循，但也不可等闲视之，那就是会突然发亮的"新星"。

1918 年，第一次世界大战已进入尾声。6 月 7 日夜，在战壕中的英法联军士兵们发现，在天鹰星座中突然冒出一颗以前从未见过的亮星。第二天夜晚它的星光已明显地比牛郎星更亮，战士们喜称他们见到了"胜利之星"。

新星并不是新诞生出来的恒星，而是以前它的星光太暗，肉眼"视而不见"才造成的误解。新星与超新星有着本质上的区别。超新星是恒星临死前的回光返照，而新星是密近双星中一颗子星由于接受到另一颗子星上喷射来的大量物质而引发的突然发亮，所以它的爆发不会"伤筋动骨"，甚至不少新星过一段时间会再次发生爆发。

宇宙中的比翼鸟

人人都怕孤独，都渴望有知己陪伴在身边。有趣的是，天上的恒星也是这样。据统计，在离地球5秒差距的范围里一共有60颗恒星，其中有22颗组成了11对形影不离的"伴侣"，另有6颗则形成了2组"三合星"，其中之一就是前文所说的半人马α。真正独来独往的单星只有32颗。从整个银河系统计，单星的比例只有1/3左右。

两颗恒星始终不离不弃地互相绕转，天文学上称之为"双星"。绝大多数双星中的两颗星不会平分秋色，总是一大一小，通常把大的那颗称为"主星"，以A星表示，小的那颗叫做"伴星"，冠以B星为名，有时也把这两颗星都统称为"子星"。

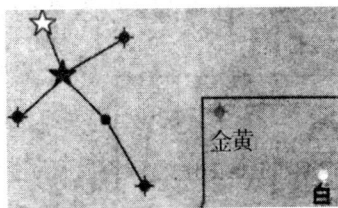

天鹅座β星

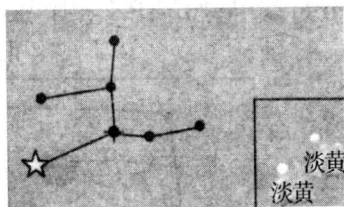

室女座γ星

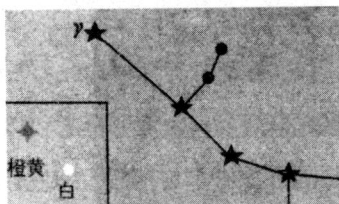

仙女座γ星

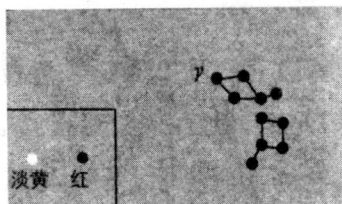

海豚座γ

☆一等星　★二等星　◆三等星　●四等星

几对赏心悦目的双星

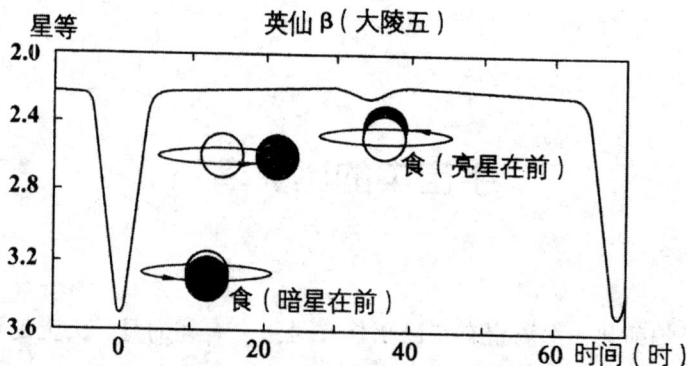

"魔星"实际上是交食双星

　　肉眼能见到的双星称"目视双星"，它们真是少而又少。最著名的目视双星是位于北斗的大熊 ζ（开阳），在离它不远处就有一颗肉眼勉强可见的暗星大熊 80（辅）。这对目视双星早已闻名世界，我国古代曾用它来作为测试从军人员目力的视力表，只有那些能够清楚指出"辅"方位的人才有当射手的资格。古阿拉伯人则称其为"骑马星"，那"开阳"如一匹骏马，"辅"则是马上的射手。

　　也有不少双星的两颗子星相距甚近，一般无从分辨，以至认为它只是一颗星。两颗子星之间有时会像日食月食那样互相遮挡，人们就会感到星光有明暗的变化，这就是"交食双星"。在过去很长一段时间内，人们误以为这是一种"变星"。其中最著名的就是英仙 β（大陵五），它的亮度变化可以相差3 倍多，素有"魔星"之称。直到 1783 年，英国一个不凡的聋哑青年通过长年的跟踪观测，才揭示了魔星的这个奥秘。

　　双星是天界的比翼鸟，不仅有很好的观赏价值，更是天文学家的掌上明珠。因为恒星离我们如此遥远，要想研究它有鞭长莫及之感，尤其是恒星最重要的参数——质量，一般是很难得到的。通过双星之间的轨道运动，天文学家就能得到这些宝贵的资料，当年白矮星的密度之谜就是通过天狼双星解开的；神奇的黑洞也是在双星世界中得到确证的。

　　许多奇特的天体和天文现象，往往都是出现在各种双星之中，所以它常是天文学家的"实验室"，可以让人从容地研究恒星与恒星之间的各种相互作用——引力作用、电磁作用、物质交流、爆发机制……还有一些高深的理论难题，也可以进行验证，如美国天文学家泰勒与他的研究生赫尔斯，因为从一对脉冲双星（两颗子星都是脉冲星）PSR1913＋16中证明了爱因斯坦早年预言的"引力波"，因而双双荣获了1993年度的诺贝尔物理学奖。

对于那些关系更近的"密近双星"，天文学家发现它们之间还能进行物质交换。

喝水不忘掘井人。双星研究的鼻祖是英国的赫歇耳，这个因发现天王星一举成名的天文学家，是最早确证双星的人，他一生中发现了848对双星。为了纪念他的功绩，在发现天王星200周年的1981年，英国格林尼治海军大学的礼堂内特意举办了一场别开生面的"纪念赫歇耳音乐演奏会"。会上表演的所有节目，都是赫歇耳自己所创作的作品。人们称赞赫歇耳不愧是音乐界与天文界的双星。

壮观无比的集体舞

除了双星与三合星外，宇宙中的天体还有其他不同的组合，如 4 颗恒星组成的"四合星"，6 颗恒星组成的"六合星"，这种多合星有时也称"聚星"。一般来说，四合星常常是很易瓦解的不稳定组合，而奇妙的六合星则是可以长生不老的系统。最著名的六合星就是"开阳"，在肉眼看来，它是一对双星，但通过望远镜就可发现，它是 6 颗星的组合。

比聚星规模更大、星数更多的就是星团了。如果说，双星是两颗恒星在跳优美的"华尔兹"，那么，成百上千颗恒星聚成的星团，就可比作壮观无比的"集体舞"。

最著名的星团是唐代诗人李贺所言的"秋静见旄头"的昴星团。它是星空中除明月外最有特色的天体之一，中外民间都称其为"七姐妹星"。但实际上现在人们用肉眼只能见到其中 6 颗星，那颗昴宿三（金牛 21）已经从人们的视野中消失了。其原因至今还是众说纷纭。

在希腊神话中，她们原是山林中的七位可爱的女神，也是月神的侍女，曾把主神宙斯的一个私生子抚养长大，他后来成了酒神狄俄尼索斯。正因为这样，宙斯在她们被猎人奥赖翁带着凶猛的猎犬追逐时，把她们提升到了天庭。后来其中有一位名为赛丽娜的女神，因为被尘世所吸引，勇敢地来到了人间……

在古代，人们常用昴星团来测定方向，正如我国民谚所说："七正八歪九偏西，十月七星落鸡啼。"它告诉人们黎明时昴星团在天上的位置：农历七月时在正南方，农历八月在南偏西，农历九月在西边，而到农历十月时就要落入地平线了。古希腊的航海家们也对它分外亲切，当他们在夏天出海远航时，

用大望远镜可见到昴星团中还有许多气体云

只要见到昴星团在拂晓时刻沉入西方海面，就必须尽快返回，否则他们将会被即将到来的暴风季节所吞噬。

即使用一架小型望远镜，也可以见到昴星团是个人丁兴旺的大家庭，现在已确认它包含有 280 个成员星。与星座是人为硬性搭配不一样，星团中的所有恒星相互间都有着"血缘关系"，它们是同一团星云物质几乎同时生成的。

昴星团离地球是 128 秒差距，约 420 光年，它所占的空间约为 4 秒差距，所以在星团内，两颗恒星间的平均距离也达 1 光年。从整个星团至今沉浸在一片硕大无比的星云中，也可看出二者之间的演化关系。研究表明，昴星团只有 5 000 万岁，所以是星团世界中的"年轻人"。

像昴星团那样的星团还有不少，著名的有毕星团、鬼星团（又名蜂巢星团）、大熊星团、后发星团……现在已知的此类星团至少已有 1 000 多个。由于它们大多集中分布在银河系的中心平面（称银道面）附近，故也称为"银河星团"。从它们所含恒星不算太多，常在几十到几百颗间，所占空间也不大，显得稀稀落落，故还有人称其为"疏散星团"。它们有一个共同特点：年龄相对较轻，多数只有几千万岁，只有少数几个才活了几亿岁，与太阳和地球的 46 亿岁相比，简直不值一提。

飞出太阳系的使者

1972 和 1973 年，美国航空航天局（NASA）先后发射了两艘大小、结构完全相同的"先驱者 10 号"和"先驱者 11 号"无人探测器，它们每个自重 260 千克，都以同位素电池作为其能源，其主要目标是探测木星和土星这 2 个太阳系中最大的行星。

科学家们顺便在它们的天线支柱上，都装了一枚经过精心设计的镀金铝片——闻名于世的"地球名片"。这张"名片"长 9 英寸、宽 6 英寸（相当于 23 厘米 ×15 厘米），面积并不算大，但内容极其丰富。它的设计者是美国著名天文学家卡尔·萨根。

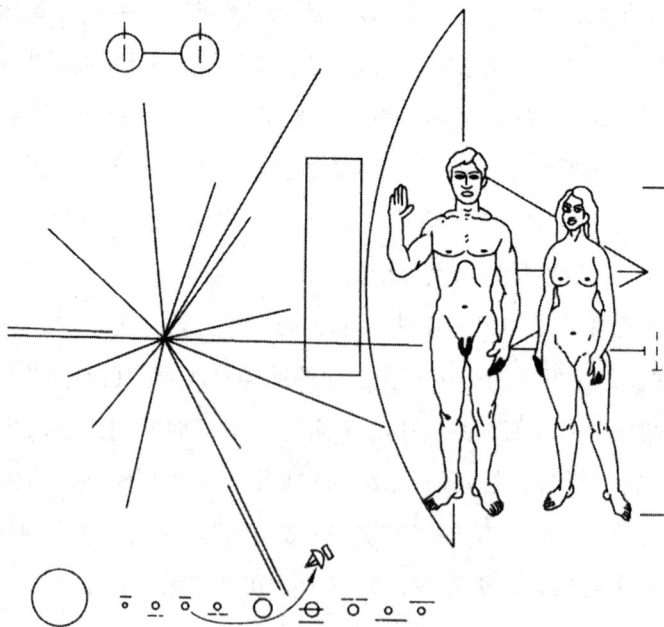

先驱者上的"名片"

这张充分表达了地球人类迫切寻找知音之心的"名片"设计得十分巧妙：一对裸体的男女站在最显著的位置上（这是萨根的妻子琳达亲自绘制的），其中那位男子还脸带微笑地举着右手，表示对"外星人"的欢迎。这两个人体的大小正巧与"先驱者"飞船的天线（图上男人身后的那个弓形）比例相同，而这个大弓形同时还表示了飞船的形状以及光学透镜，这等于告诉"外星人"，地球人已经掌握了凸透镜能够聚光的光学知识。"名片"左半面的中央有 14 条长短不一的射线（由特殊的虚线所组成），它们表示了当时人类所知的 14 颗脉冲星的方位和离太阳的远近，虚线的点则表示这些脉冲星的脉冲周期值。在其左上方还有两个小圆圈——这是人类在告诉"外星人"，地球人已经了解了氢分子是由两个氢原子组成的。而图的左下方那个比较复杂的图案，则是人类在"自报家门"：最大的圆圈代表了太阳，而这艘飞船则来自太阳系的第三个星球（即地球），那带箭头的曲线是它们的飞行路线，从中不难看出，它们的主要任务是去访问木星和土星……

总而言之，"名片"上所包含的有关天文学、物理学、化学、数学等知识，已足以让有高度智慧的"外星人"在截获它后，解读出地球人寻求宇宙友谊的迫切之情，并根据上面的信息，顺藤摸瓜地找到地球上来。

"先驱者"原先设计的寿命只有 21 个月，但后来实际工作了 21 年。1990 年 8 月，"先驱者 10 号"以每秒 11.3 千米的巨大速度冲出了太阳系，成为人类第一位星际"文明使者"。1997 年 3 月 2 日，正值它上天 25 周年之际，NlASA 的一位官员宣布，位于 96.6 亿千米之外的这位人类"信使"已经完成了它的历史使命，尽管它上面的 11 台微型热核发电机中至少还有一台在工作着，地球上也还能勉强接收到它极其微弱的信号（强度只有十万亿分之四瓦），但科学家已决定于 3 月 31 日切断与它的一切联系。

1982 年，NASA 的科学家于 1977 年实施了巧夺天工的"旅行者"计划。该计划同样是两艘"姐妹飞船"——"旅行者 1 号"、"旅行者 2 号"无人探测器。

科学家也让它们在探测大行星的同时肩负起寻找"外星人"的光荣使命。

《地球之音》中的第 80 幅图
"中国人的家宴"

为此，科学家在这两艘飞船上都放上了一份人类给"外星人"的见面礼：一张直径为 305 毫米、可连续播放 2 个多小时、名叫《地球之音》表面喷金的铜唱片。当然，还附有能放这张唱片的特殊电唱机（它有一个瓷唱头，一枚钻石唱针）。

《地球之音》以图像编码的形式，音像并茂地囊括了地球上各式各样有代表性的信息，其所有内容都是由萨根领导的一个专家小组精心选定的。它的正面是 90 分钟的声响：35 种大自然的声响（如风雨、波涛、惊雷、鸟鸣、汽车的喇叭声、火车的笛声等）、27 首世界名曲（其中有一首为中国的《高山流水》）、60 个语种的向"宇宙人"问候的声音。在这些亲切的问候语中，有四种是中国话——说普通话的是浑厚的男人："各位都好吧，我们都很想念你们。"广东小姐的声音很甜："各位都好吗？祝各位健康、平安、快乐。"糯软吴语说的是："祝你们大家好。"此外，还有一种是难懂的闽南语："太空朋友，你们晚餐吃过了吗？有空请到这儿玩玩。"

《地球之音》的背面则是 116 幅经过专家精心挑选的、能反映从人类起源到文明发展的照片，如地球的全貌、人体解剖图、林中雪景、超级市场、火车奔驰、火箭发射、宇航员在太空漫步……值得一提的是，其中第 80 幅是"中国人的家宴"，第 82 幅为"中国长城"。

由于采取了一些特殊的保护措施，《地球之音》能在太空中保存 10 亿年之久，只要"外星人"在此期间与"旅行者"相遇，这张《地球之音》就能起到穿针引线的作用，为我们与"外星人"之间架起一座友谊的桥梁。

1990 年 2 月，"旅行者 1 号"在飞离太阳系之前，还特意回眸拍下了一张太阳系的"全家福"。现在这 4 艘飞船分别从不同的方位越过了太阳系的边界，真正担当起为我们寻求宇宙知音的艰巨任务。

太空中的"最亮星"

宇宙实在太大了，以现在的宇宙飞船的速度，至少要飞上好几万年，才能到达另一恒星的疆域。它们何年何月才能与"宇宙人"相会？于是人们寄希望于用射电望远镜发出无线电波。

1974 年 11 月 16 日下午 1 时 30 分，美国天文学家利用世界上最大的 305 米直径的阿雷西博射电望远镜（坐落在波多黎各），以 2 083 兆赫的频率（波长 12.6 厘米）向 M13 球状星团发出了人类的第一份"家书"。考虑到"外星人"可能生活在与我们迥然不同的星球上，它们很可能与人类毫无共同之处，人类现有的任何文字或语言，对它们可能是"对牛弹琴"。因此，这份"家书"所用的是计算机语言，全由"0"和"1"组成。科学家认为，只有数学语言才有希望与"外星人"沟通。

这份"家书"共有 73 行，每行有 23 个数码符号，只要把这 1 679 个中的"0"涂黑，就能见到一幅"卡通"式的图画，如果把它"翻译"出来则是：

这是我们从 1 到 10 的记数法；

这是我们认为最重要的、最有趣的几种原子：氢、碳、氮、氧及磷；

这是我们把这些原子混合起来得到的几种重要的分子：胸腺嘧啶、腺嘌呤、鸟嘌呤、胞嘧啶以及一个含有交变碳酸化合物和磷酸盐的长链；

这是把那些块状结构的分子放在一起组成的脱氧核糖核酸长分子，它是一个双螺旋体，大约含有 34 亿个链；

这是一个形态笨拙的动物，但他很重要，他长 14 波长（176 厘

米);

这表示在我们的恒星旁第三个行星上,有40亿个这样的动物;

这表示太阳系有9颗行星,4颗大的在较外面,但最末的1个也
很小;

这是发送这问候电报的仪器,其直径为2 430个波长(305米)。

你们忠实的朋友

为什么要把电报发给 M13 星团呢?这有两个原因:一是因为发报的阿雷
西博射电望远镜的巨大天线是以一座死火山的火山口为基座的(当然也经过

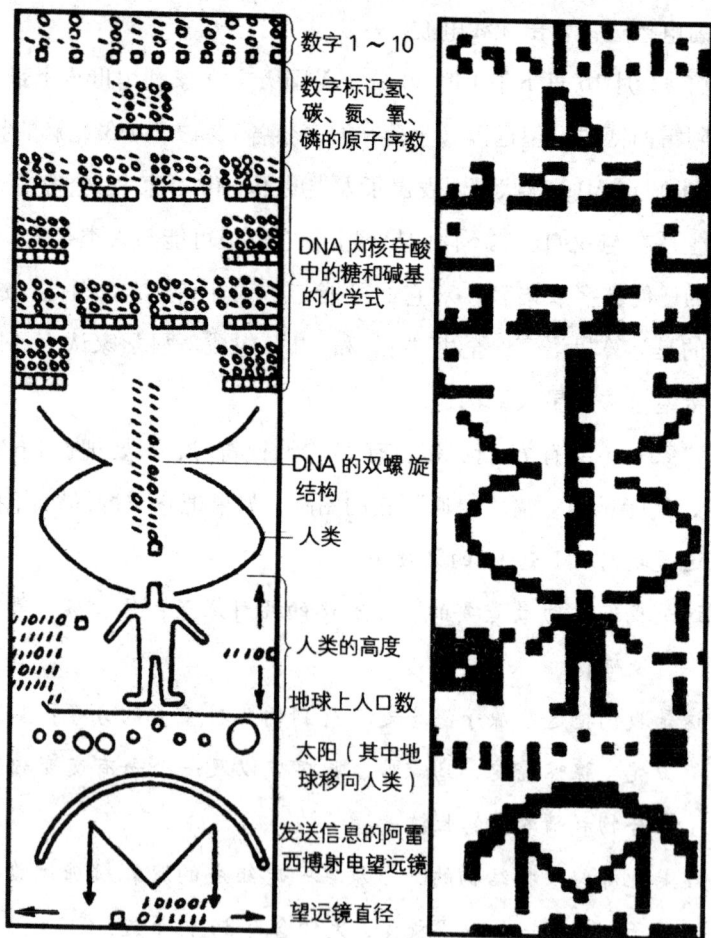

数字 1~10

数字标记氢、
碳、氮、氧、
磷的原子序数

DNA 内核苷酸
中的糖和碱基
的化学式

DNA 的双螺旋
结构

人类

人类的高度

地球上人口数

太阳(其中地
球移向人类)

发送信息的阿雷
西博射电望远镜

望远镜直径

发向 M13 星团的"家书",其中包含着极丰富的信息

整修），它基本上无法转动，只能把电波发向其正上方的天顶方向，当时位于它正上方的正好是 M13 星团（所有的天体都与太阳一样，每天在东升西落）；二是这个球状星团内包含有 30 多万颗恒星，只要生命的概率在 1/300 000 以上，就可能会有所收获，这比向单颗恒星发报的效率高得多。当然，也有不尽如人意之处，M13 星团离我们太遥远了——24 000 光年。所以，即使真的有"M13 星人"，它们至少也要在 24 000 年后才能收到我们的这份"家书"。即使"M13 星人"绝顶聪明，一下子就明白了地球人的良苦用心，而且一刻也不耽搁，马上发出热烈的响应，可它们的"回电"同样要走上 24 000 年，一个来回 48 000 年就过去了。48 000 年后的地球是什么情景，恐怕现在的人们还想象不出来呢！

这份电报一共发射了短短 3 分钟，相当于目前全世界发电总功率的 20 倍，要不是将波束聚焦，还有什么办法能产生发射所需的有效功率 20 万亿瓦呢？这次发射，其信号的亮度竟超过太阳 1 000 万倍。为此，阿雷西博天文台的天文学家不无自豪地说："在这 3 分钟内，我们是银河系中最亮的星！"

后来，人们又进行过几次有益的尝试，如 20 世纪 80 年代，苏联用乌克兰的巨大射电望远镜、1991 年澳大利亚用天线直径 64 米的射电望远镜，都曾向一些人们感兴趣的恒星发出过热情洋溢的"邀请函"，有人至今还在痴痴地等待着好消息呢！

宇宙电台

1942 年，第二次世界大战激战犹酣。2 月 26 日，在英国空军监视德国的那些雷达荧屏上，突然都受到了严重的干扰——闪烁不停的片片"雪花"。莫非是纳粹发明了对付雷达的新武器？这可是直接关系到战争胜负、性命攸关的大事。除了严密封锁有关消息外，最高当局立即下令，让最杰出的无线电专家荷伊丢下手头的一切工作，迅速查明原因，寻求对策。

荷伊才华过人，经验丰富，他不负众望，很快就有了眉目：原来这不是什么敌人的新式武器，而是太阳与人开的玩笑。只要让那些雷达的天线避开太阳方向，仪器就可正常工作。从此人们知道，太阳、恒星乃至所有的天体，都像一个个电台，时时都在发射无线电波。

天体发出的电波，天文学家称之为"射电"，接收与解读这种射电必须要用射电望远镜。射电望远镜与光学望远镜不同的是，它所见到的不是天体的图像，而是一组组大大小小、曲曲折折的曲线，需要用专门的仪器才能解读其中所含的信息。

光学望远镜自 1610 年由伽利略首先指向星空起，至今已有近 400 年，如果不是近年来太空望远镜以及一些新技术登场，有人甚至哀叹它似乎已走到了尽头。但是射电望远镜则不然。首先穿透金星浓密大气、揭开金星逆向自转和表面高温依靠的是它；最早测出水星自转是公转周期 2/3，它的一天等于 2 年依靠的也是它；画出第一张火星三维立体图依靠的仍然是它。更让人刮目相看的是，震惊世界的"20 世纪 60 年代的天文学四大发现"——星际有机分子、脉冲星、3K 微波背景辐射、类星体，都是射电望远镜小试牛刀的成果。其中前三项的发现者都先后问鼎了诺贝尔物理学奖，而充满了挑战的类

澳大利亚世界第二大可动射电望远镜，天线直径 64 米

星体将来一旦被揭开庐山真面目，其发现者也将成为此奖项的必然得主。

谁都知道，天文学家最怕老天作梗，因为很多千载难逢的机会，只要老天不帮忙，就会前功尽弃，这样的例子俯拾皆是。我国天文界元老、年逾古稀的张钰哲先生为了观测 1980 年的昆明日全食，曾不远千里于 2 月 16 日飞到了一切早已准备齐全的观测点，可哪知就在最关键的 2 分钟内，一朵小小的白云飘来，不偏不倚地挡住了日轮，任你愤怒叫骂，任你急得跳脚，也只能眼睁睁地让一年的准备工作付之东流，落得个空手而归。

用射电望远镜观测最大的优点是，不怕云雾遮挡，甚至不怕倾盆大雨（当然为了防止锈蚀，雨天还是尽量少用），它是一种全天候的仪器。它还有一个优点是，要求的精度不高，制造方便，所以可以做得很大。

当然，它也有致命的缺陷，那就是它"眼大无光"。一架直径 10 厘米的光学望远镜的分辨本领在 1.4" 左右，它能看清月球表面上 2 千米的细节，而德国的 100 米可动射电望远镜，尽管是当前世界上最大的可转动射电望远镜，可它的分辨本领也只有 33"，还不如人的肉眼的分辨本领 30"。为了弥补这个不足，人们想到了利用"干涉法"原理，把两台仪器分开并用。所以现在除了建造直径更大的单个天线外，还建造有"天线阵"。当今称为"甚大阵"的最大的天线阵位于美国新墨西哥州的一处荒漠上，在纵横 70 千米的范围内，分布着 27 架庞然大物，每一台射电望远镜天线的直径为 25 米，重达 210吨。由于它全由电脑控制，自动化程度很高，所以每次观测只需一个计算机程序员和一两个天文学家就足够了。

深山中的"巨无霸"

与光学望远镜一样，射电望远镜的性能与它的孔（直）径大小密切相关。建造尽可能大的射电望远镜是天文学家梦寐以求的事。

宇宙深处有"外星人"存在，这是多数科学家深信不疑的，如果有什么消息传来，由于它们离地球十分遥远，信号一定是非常非常微弱的。有人曾形容，目前人们所接收到的天体所发出的射电信号，其能量甚至还远不及一小片雪花落地。

早在 1997 年，中国科学家就有了要建造世界上最大的单镜面射电望远镜的设想。经过几年的探索，终于在 2000 年 4 月 17 日国际天文学联合会在贵阳召开的第 182 次学术研讨会上有了眉目，世界上最大孔径的射电望远镜——500 米孔径球面射电望远镜（FAST）有望落户贵州。这台射电望远镜将建在贵州省南部某个喀斯特地形深山中的一个现成的山谷。它将由 2 000 块反射面拼组而成，每块的大小是 15 米 × 15 米。

国际天文学界希望，这台"巨无霸"建成后，能帮助地球人接收到某种来自"地外文明"的信号，并揭开宇宙起源之谜。

2006 年 3 月 18 日，"国际 1 平方千米列阵（SKT）射电望远镜选址工作组"在贵州省普定县尚家冲进行了实地考察，这是一个占地面积为 200 个足球场的国际性项目，贵州喀斯特洼地适合于球反射面形望远镜阵的建设。包括中国在内的参与国已提出了 5 种实现 1 平方千米列阵射电望远镜的工程方案。根据中国的方案，将在一个直径 500 米的喀斯特洼地上，铺设由计算机随时调整方位的小球面块，形成一个完整的旋转抛物面，使望远镜有效照明口径达到 300 米、接收面积达到 1 平方千米。该项目的投资估计要 3 800 万美元，如果一切进展顺利，它将于 2020 年建成并投入使用。

又见星团

虽然 M13 星团与昴星团都是星团，但二者不可同日而语，有着很大的区别。

从外形看，银河星团并不规则，结构松散，而球状星团却大致呈现标准的球形，星星排列紧密，尤其是它的中心区域，更是显得密密麻麻，几乎难以把一颗颗恒星区分开来。从所含的星数讲，银河星团通常只有几十颗星，少数多的也不过几千颗星，而球状星团少的有几十万颗星，多的则可能有上千万颗星，二者相差 1 万倍。例如，M13 球状星团中至少有 30 万颗恒星，而人马星座中一个 M22 球状星团拥有 700 万颗星。

球状星团中心结团是一种假象，实际上那儿仍然十分空旷，因为那儿两

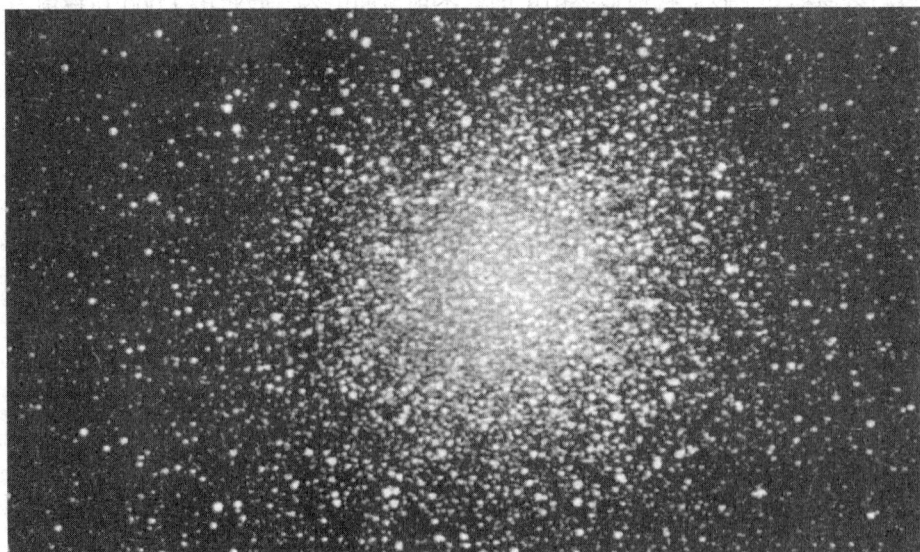

M13 球状星团

星间的距离是太阳到冥王星距离的 120 倍呢。从它们的分布状况说，银河星团集中于银河系的中心平面附近，而球状星团在银河系中分得很散，多数球状星团离地球都很远。还有一个区别就是，二者的范围也明显不同，银河星团大致是 10~30 秒差距的范围，彼此相差并不悬殊，球状星团则不然，大的球状星团如杜鹃星座的 NGC 2419，直径达 100 秒差距以上，而小的球状星团如天箭星座的 M71，直径还不到 5 秒差距。

其实二者最本质的不同，可能是它们处于不同的演化阶段。银河星团是比较年轻的星团，而球状星团则都是老态龙钟的"长者"，平均有 100 亿岁，其中半人马 ω 球状星团，已有近 160 亿岁的超高龄了。

众所周知，人类认识宇宙的第一个大飞跃是哥白尼的"日心说"；第二个大飞跃则是我们已多次提及的赫歇耳，他通过对于恒星的统计，证明恒星组成了更高一层次的天体系统——银河系，但他却错误地以为太阳正居于银河系的中心处。1915~1920 年，美国天文学家沙普利花了 5 年时间研究球状星团的空间分布，并得出结论，太阳并不在银河系的中心。

球状星团另一个功劳是，它证明了广袤的星际空间中，即使没有星云物质，也不是处于空无一物的真空状态，而是充斥着一种"星际介质"。星际介质有两种，一是星际气体，由氢与氦组成；二是星际尘埃，主要是冰晶、硅酸盐、石墨，及少量的铁、镁之类的金属微粒，其大小在微米或比微米更小一些。研究表明，尽管星际介质极为稀薄，但它不仅会使我们所见到的恒星的光更暗弱些，起到一种"星际消光"的作用，而且还会让星光稍稍变红一些，这就是"星际红化"作用。

近年来，球状星团更受人们的青睐，因为人们发现有一些球状星团会发出极强的 X 射线，就很有可能里面蕴藏着一些"巨黑洞"。

比星团更大的星系

在夏秋之夜抬头望天，总能见一条银光漫漫的"银河"横亘天际。我国古代牛郎织女的神话中，以为这就是专横的王母娘娘为拆散这对恩爱夫妻而划出来的大河，滔滔的河水让他们只能隔岸而泣，幸得有万千喜鹊在七月初七那天赶来架起一座"鹊桥"，才能让他们匆匆相聚，互诉一年内的相思之情。李白也曾把庐山的瀑布形容为"飞流直下三千尺，疑是银河落九天"。

西方古人干脆称银河为"牛奶路"，罗马人认为，银河本是天后的乳汁，因为大神裘匹特（相当于希腊神话中的宙斯主神）又得了一子，他让人把儿子送到妻子朱诺那儿。而朱诺事先对此一无所知，所以当小孩天真地爬到她身边要吮奶时，她大吃一惊，身体一下了失去了平衡，丰腴的乳汁也就喷溅出来，飞到天庭就成了银河。

在全天 88 个星座中，银河穿过了其中的 1/4，达 23 个之多。但仔细观察不难发现，它在各处的亮度与宽度都各不相同，在人马星座那儿，它横跨 30°，也是最明亮的区域，而最窄的地方却只有 4°～5°而在天鹅星座向南的那儿，它竟分成了两条支流。

最早揭开银河奥秘的是意大利天文学家伽利略。1609 年底，伽利略用自制的那架天文望远镜指向了银河，终于看清了它的庐山真面目——原来是密密麻麻的恒星互相争辉的星光才

银河系的形状：俯视似海星

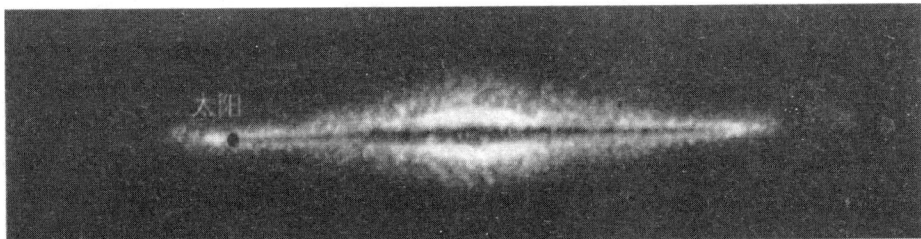

银河系的形状：侧看像铁饼

编织出了这道风景线。

由于地球在银河系的内部，所以关于银河系的具体形状，我们可能是永远不可能直接见到的，但我们完全可以通过观测其他星系来推断出它的外形。通过长年的研究，已确切地知道，银河系的直径约为 25 000 秒差距，相当于 8 万多光年（也有人简略地说为 10 万光年），如果能跃到它的上方来俯视，银河系就像一只美丽的大"海星"，但如从其侧面望去，它又很像是运动员甩的"大铁饼"。这真应了苏轼的名句："横看成岭侧成峰，远近高低各不同。"

银河系的主体部分称为"银盘"，银盘的中心平面就是"银道面"，因为太阳就在银道面的附近（距离 8 秒差距），所以我们看到的银道面就成了银河。银河系的中间部位是"银核"，银核的中心则是"银心"。现在知道，从银核中向外伸出了 4 条大旋臂，它们都是优美的曲线，而太阳系就位于其中的一条旋臂上，距银心约有 10 千秒差距，即相当于位于银盘半径的 4/5 处，差不多到了银河系的边缘了。

研究表明，银河系内的恒星多达数千亿颗，其质量约是太阳质量的 1 400 亿倍。然而有许多资料证明，这仅仅是那些可以看得见的物质的质量，宇宙中还存在着更多"看不见"的暗物质，它们的总数甚至是已知物质的数十倍。

三类星系各不同

在宇宙中像银河系那样的庞大的星系，至少有几千亿个，由于它们都在银河系之外，故称其为"河外星系"，简称为星系。从它们的形态看，星系可分为三大类。

最常见的就是与我们银河系相似的那一类，因为它有着美丽的旋臂，被称之为"旋涡星系"，以"S"表示。据统计，它们占星系总数的80%左右，最著名的旋涡星系是"仙女星系"，它是第一个被天文学家确证是位于银河系之外的星系，也是北半球上惟一可以用肉眼直接见到的星系。由于看起来它

典型的旋涡星系——仙女星系

98

是云雾状的一个模糊的斑点，与猎户大星云有几分相像，所以过去一直被人们不恰当地称为"仙女大星云"。

仙女星系离我们有多远？历史上曾经有过长期的争论，现在确定为675千秒差距（约为220万光年）。它的直径是50千秒差距，质量为太阳质量的3100亿倍，这些几乎都是银河系的2倍多。正是从仙女星系的形态，我们才了解了银河系的形状。

旋涡星系的主要特征是有若干条弯弯的旋臂，而从旋臂展开的程度又可细分为a、b、c三个次型。

除了旋涡星系外，还有一类是椭圆星系，以"E"表示。它们约占星系总数的17%。从外表看来，椭圆星系真是其貌不扬，一片混混沌沌，而且这类星系大多离地球极为遥远，所以即使在那些大望远镜中，显现出来的也只是中间部位较为明亮、边缘部分更为暗淡的一块模模糊糊的小斑块而已。一直到20世纪40年代，天文学家才好不容易把离地球最近的一个椭圆星系

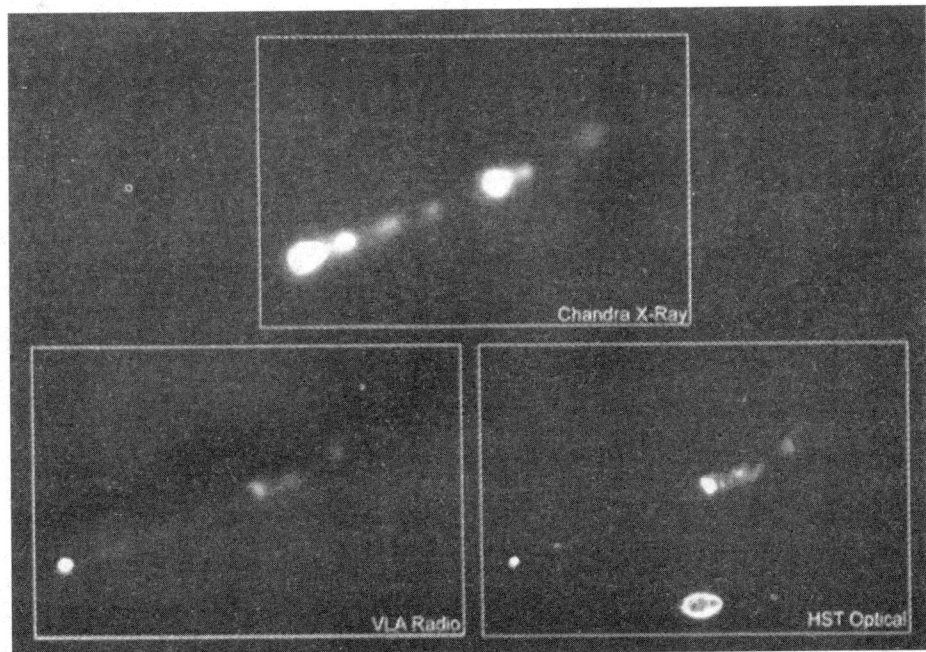

M87 喷发出的一串"珍珠"十分壮观

M32 分解出点点繁星，并证认出其中的恒星大多是那些年老的星。不同的椭圆星系大小相差极为悬殊，如最小的天龙星系，直径只有 0.3 千秒差距，而最大的 M87 星系则有 200 千秒差距，如果把天龙星系比作一只长 10 厘米的老鼠，那么 M87 星系就如一条大鲸鱼。质量之差也可达 1 亿倍之多。

直径是银河系 8 倍的 M87 椭圆星系的内部极不平静，经常会喷发出大量的物质来，它所喷出的物质形成一串"珍珠"，其中每一颗"珍珠"的质量竟可与整个银河系相比，它喷发出的总能量，竟相当于上亿颗超新星之总和。1994 年"哈勃"太空望远镜发现，在其中心部位内，存在着一个质量达几十亿倍太阳的巨黑洞。

第三类星系是"不规则星系"，以"Irr"表示。它们没有固定的"标准像"，从数量上说，它们只占星系总数的 3%～5%。这类星系的显著特点是"小而轻"，大小在 1～10 千秒差距，质量也不过是太阳的 1 亿～300 亿倍，最主要的是，它们大多是一些比较年轻的星系。

频频发生的"交通事故"

恒星不甘寂寞，星系更是有过之而无不及。宇宙中的星系很少是真正的"单身汉"。两个星系合在一起称为"双重星系"（简称双星系），三个星系形影不离就是"三重星系"，当然还有四重、五重，乃至多重星系。统计表明，至少85%6以上的星系都是成双或是成团的。

大、小麦哲伦云是在南半球最醒目的两团"云"，这是1520年麦哲伦环球航行到达南美洲时发现的。其实古阿拉伯人早就见到了它们，并称其为"好望角云"。它们是全天3个肉眼可见星系中的2个（另一个是仙女星系），现在被称为大、小麦哲伦星系。它们是银河系一衣带水的"近邻"，质量只有银河系的5%与1%，比银河系小得多，都属于较少见的不规则星系。

大、小麦哲伦星系也是离地球最近的双星系，近年来发现它们相互之间"藕断丝连"，通过一条似断似续的"物质桥"进行着物质的交换。进一步研究表明，它们与银河系也有"扯不清"的关系——通过神秘的物质桥相连，所以实际上是一同组成了一个三重星系。种种迹象表明，这两个小星系的"年龄"只有10亿岁左右，与银河系的100多亿岁也很不相称。

有人认为，这个三重星系可能是一场宇宙交通事故的产物：大约在2亿年前，这对年轻的双星系在宇宙空间运动时，与银河系"撞了车"——星系碰撞。现在人们所见到的那些物质桥可能就是那次事故留下的"后遗症"。根据这样的设想，在20亿年之后，小麦哲伦星系可能会钻进银河系的"肚子"里面，并在80亿年的时间内，完全被银河系"消化、吸收"而不复存在。

天文学家喜爱的那个仙女星系M31，实际上是一个九重星系，从相关照片上可见到它身边有两个"伙伴"：M32与NGC 205，这两个伴星系都属椭圆

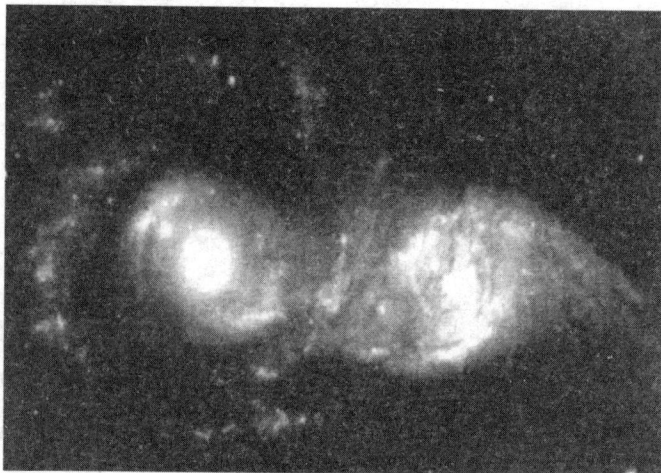

"哈勃"拍到的 NGC 2370 正与 IC 2163 相撞

星系，其直径分别为 1 千秒差距与 2 千秒差距，质量只是仙女星系的 1% 与 2.5%。20 世纪 70 年代，科学家发现了它更多的伴星系，这样它就成了著名的九重星系。

　　除了双星是天然的伴侣外，恒星与恒星之间，是"老死不相往来"的，它们相遇的机会几乎是不可能的。但星系则不同，都在以巨大的速度运动着，星系间互相靠近乃至相撞的"交通事故"竟是很常见的天文现象。有人估计，宇宙中的星系自诞生至今，经历过这种"事故"的星系可能多达 15%！

　　有证据表明，猎犬星座双重星系 M51 是 7 000 万年前两个椭圆星系相撞后的产物。1999 年 10 月，"哈勃"太空望远镜拍下了距离地球 3 亿光年远的 NGC 1409 与 NGC 1410 在 1 亿年前的碰撞。

　　由于星系内的恒星分布十分稀疏，所以它们的碰撞不像高速公路上的汽车相撞会有"车毁人亡"的危险。这好像是两群蜜蜂相遇穿越，两只蜜蜂的身体是不会相碰的。星系碰撞所造成的后果之一是，星系运动的速度高达每秒数万千米，巨大的动能可能会促使星云收缩凝聚，成为产生大量恒星的"催化剂"。

　　星系碰撞的另一个后果是"弱肉强食"。大星系会吃掉小星系，正如银河系将消化掉小麦哲伦星系那样。

"星海将军"的贡献

在 20 世纪 20 年代前，人们对于银河系是否就是全部宇宙一直争论不休，因为人们无法判别，在天文望远镜中见到的上千个云雾状斑块是不是都位于银河系内？

1924 年，35 岁的美国天文学家哈勃利用当时世界上最大的光学望远镜——直径 2.5 米的胡克望远镜，终于把仙女、三角等一系列"星云"分解成点点繁星，从而证实了它们是远在银河系之外的星系，使那场争论有了明确的结论。

第二年，他在大量研究星系的基础上，提出了把星系分为三类的"哈勃分类法"。更重要的是，他通过研究分析，于 1929 年提出了著名的"哈勃定律"：从大范围看起来，所有的星系都有巨大的"红移"，这表明星系都在远离我们而去，且远离的速度与它们的距离成正比。这样，天文学家手中又多了一个测距的尺子——通过测定"红移"来求得星系的距离。

哈勃的这一发现，从根本上改变了人类对宇宙的看法。因为在此之前，包括爱因斯坦在内，人们都认为宇宙是静止的，而且就像一个球那样，大小是有限的，虽然找不到哪儿是"边界"。当年爱因斯坦还曾经骄傲地宣称，他已量出

美国天文学家哈勃

了宇宙的大小——半径为 50 亿光年。但是哈勃的发现等于宣称宇宙正在不断膨胀，后来爱因斯坦也坦然承认，这是一个让他引为"终身之憾"的大错误。

　　哈勃生于 1889 年，一生充满了传奇色彩，他在芝加哥大学学习时就崭露头角，得到了著名天文学家海耳的赏识。可在 1910 年获得了数学与天文学的学位后，他却跑到了牛津大学去研究法律，1913 年还正式开业当了律师，在过足了律师瘾后又返身于天文学。第一次世界大战时，他应征到了法国服役，直到 1919 年才重返著名的威尔逊天文台。5 年后，由于一系列重大的发现，他被人推崇为"星系天文学之父"与"宇宙边疆开拓者"，还有人戏称他是"星海将军"。他在 1927 年就被选为美国国家科学院院士，获得过多个奖项。1948 年他成了《时代》杂志的封面人物，他是第一个上《时代》杂志封面的科学家。1953 年他已获得了诺贝尔奖的提名，可是就在他做一次为期 4 夜的观测时，64 岁的他却不幸倒在了望远镜前——突发的脑溢血让他卧地不起，并于 9 月 28 日与世长辞，从而永远失去了这次机会。

最令人困惑的类星体

1985 年，英国为了体现中英人民之间的友谊，把 22 只已在中国灭绝 120 年之久的珍奇动物"四不像"护送到北京，一度引起了轰动，人们为它那奇特的憨态而倍感新奇。"四不像"的学名是麋鹿，它"角如鹿而非鹿，颈似驼而非驼，蹄类牛而非牛，尾像驴而非驴"。如今它们在江苏的一个自然保护区内无忧无虑地生活繁衍。

1963 年，天文学家在用射电望远镜观测时，在浩瀚的宇宙中发现了一种奇特天体，它们的照片如恒星，外形像星团，光谱似星云，而射电近乎星系，这真是天上的"四不像"。后来将这种奇特的天体定名为"QSO"，中译名"类星体"。类星体最大的特点是它的红移大得出奇，如最早确证的类星体 3G273 的红移是 0.158，也就是说，它正以 16% 的光速（相当于每秒 47 400 千米）远离我们。如果这个类星体本来发出的是绿色光，但在我们眼里却会因红移而变成了红光。后来发现这还算是红移比较小的类星体，因为在现在已经确证的近 10 万个类星体中，红移大于 1 的为数不少，最大的甚至超过了 6，值得自豪的是，4 颗红移超过 6 的类星体，都是中国天文学家樊晓晖所发现的。以红移 6.4 计，它相应的远离速度高达每秒 289 240 千米，相

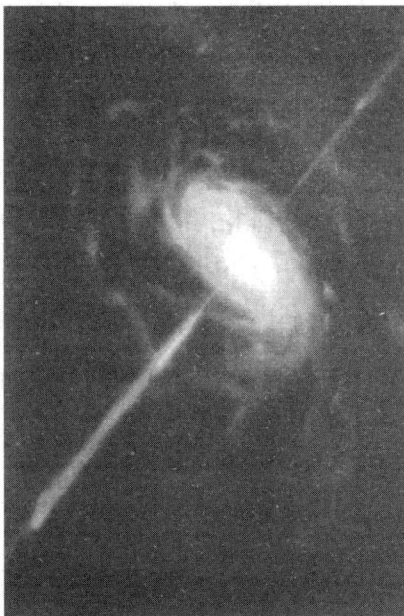

某些星系中可能就有类星体

当于光速的 96.4%。按哈勃定律，它们显然都应位于宇宙的边缘处。

类星体的直径都不大，一般都只有 1 光年大小，还不如通常的星团大，可如果按照红移所确定的距离计算，这种奇特天体发出的能量竟比一个星系更强几千倍甚至几万倍。英国天文学家于 1991 年发现的类星体 BR 1202—07，其质量是银河系质量的几十分之一，但它发出的能量却是银河系的 1 万倍。太阳与恒星发出巨大能量的机制曾使人一度大伤脑筋，类星体发出巨大能量的机制则更让人难以理解。人们只能用"白洞"理论来说明——黑洞是只进不出，白洞是只出不进。

它还有一个难解之谜——"超光速现象"。

1972 年，美国一些文学家发现，有一个名为"3C120"的类星体，在短短的 2 年时间内，直径只增大了 0.001″，这本是小得难以形容的微角，但从红移计算，它的距离竟在 4 亿光年以外，也就是说它的膨胀速度竟是光速的 4 倍。现在已经确证有超光速运动的类星体多达 18 个，最大的那个类星体的速度竟是光速的 45 倍。

如果物体的运动速度超过了光速，岂不是要出现荒唐的景象了吗？宇航员在超光速的飞船上将可见到自己甚至父辈的诞生。

类星体是当今文学的大热门，到现在已发现的类星体已将近 6 位数。

1980 年，北京师范大学的何香涛作为访问学者来到英国爱丁堡天文台。他经过悉心研究，摸索出一套寻找类星体的观测方法。他首先在室女星座一块不大的天空中，一下子发现了 71 个类星体。从 1981 年 6 月起的一年多的时间内，先后找到了 1 093 个"候选类星体"，后来经过观测证明，其中 70% 以上的确就是新型天体。他的英国同事称赞何香涛的眼睛"比射电望远镜还厉害"。

月亮人

　　月球是地球的卫星，它如钩如盘，与地球形影不离，常引得人们浮想联翩……

　　公元前 5 世纪，古希腊大学者毕达哥拉斯坚定不移地相信，宇宙是和谐完美的。他一直认为："我确信月亮上有大地，那儿一定居住着像地球人类那样的生物。月球人十分优秀，他们的历史甚至要比地球人类的历史古老 15

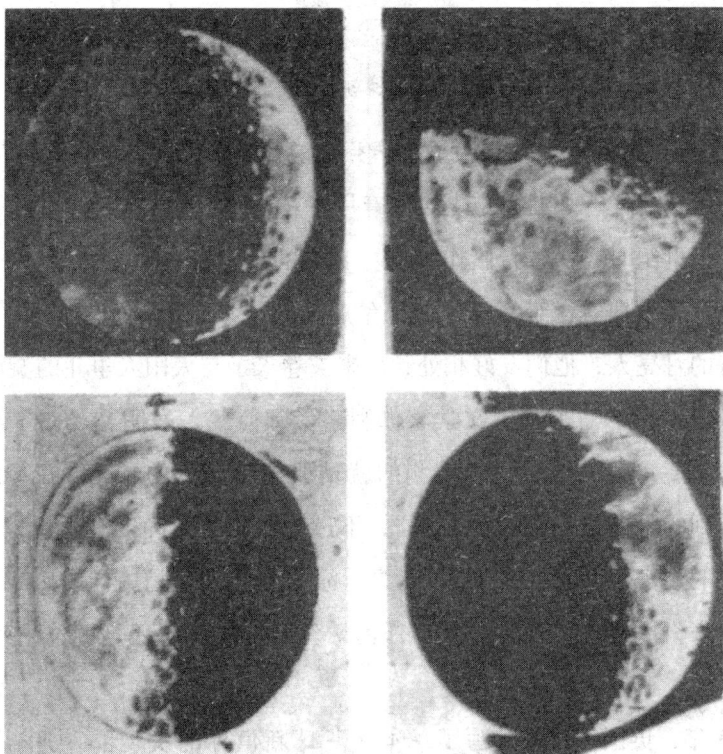

伽利略观测月亮时手绘的几幅月面图

凡尔纳《从地球到月球》的封面

倍。"后来苏格拉底一个得意弟子色诺芬也说："在月球的洼地上有着海洋和土地，与地球一样，那儿一定也居住着月亮人。"

公元2世纪时，一位希腊作家在《真实的历史》一书中说及：一场强大无比的巨大风暴把航行于海洋中的一条船吹到了月亮上，水手们在月面上遇到了奇特的月亮人，他们友好相处，后来被卷入了与太阳人争斗的漩涡。

1609年8月，意大利天文学家伽利略受到荷兰人发明"幻镜"的启发，造出了一架望远镜，他第一个观测的就是那美轮美奂的月亮。在望远镜中，伽利略看到的月亮是一个"大花脸"，不过，那儿的的确确有山川，有平原，还有巨大的"海洋"（伽利略当时认为月海与地球大海是一样的）。尽管几个月观测下来，他并未发现月亮人的任何蛛丝马迹，可他还是痴情不改，常常通宵达旦地待在望远镜前。

1683年，英国一位牧师写了一本《月球新世界的发现》。书中认为，月亮上有各种生命是理所当然的事，所以只要将来造出了威力足够大的望远镜，见到那些月亮居民是迟早的事。

直到 18 世纪时，英国天文学家赫歇耳仍然认为不仅是月面上住着人，而且太阳中也会有居民，他们生活在温度不高的太阳黑子中。

世界上第一本科学幻想小说也与月球人密切相关，那是德国天文学家开普勒撰写的《梦游记》。书中讲述了一个"精灵"到月球上去旅行时的经历，书中还告诉人们，月面上的白天和黑夜都十分漫长，月面上的动物非常奇特……

"科学幻想之父"——法国儒勒·凡尔纳的《从地球到月球》与《环游月球》二书，曾被译为多种文字广为流传，甚至时至今日仍然魅力不减。

英国作家威尔斯 1901 年所写的《第一批登月者》也轰动一时。书中说到月球上虽然空气很稀薄，但还能让动植物乃至人类生存；两个登上月面的人，因为那儿的引力小得多，所以他们可以蹦跳前进；月亮人虽然身高不过 1.52 米，但聪明能干……

嫦娥的住所啥模样

"云母屏风烛影深，长河渐落晓星沉，嫦娥应悔偷灵药，碧海青天夜夜心。"这是唐代诗人李商隐的佳句。在我国民间传说中，月球是个美好的世界。那里有珠光宝气的广寒宫，有"起舞弄清影"的嫦娥仙子。但实际上，那里是既无空气又无液态水的不毛之地，一点生气都没有。

月球上没有大气层，所以永远不会有风霜雨雪。因为没有了大气层，声音也就无法传播，所以这是一个无声世界。登月的宇航员要相互交流，只能依靠无线电来联络。

没有大气的保护，紫外线及高能量的宇宙线都可长驱直入，一切生命都无法驻足。没有大气保护的另一可怕后果就是不会有液态水，没有水的地方当然是生命的禁地。那些大大小小的陨石会撞击月球，以至月球的表面变得满目疮痍。

由于没有大气调节温度，月球上的温度变化十分剧烈。阳光照射到的地方，温度高到127℃，阳光照射不到的地方，温度降到零下183℃，比冰天雪地的南极温度还低。

月球是一个自己不发光的星球，它是依靠反射太阳光而发光的。

月球的直径是3 476千米。只有地球的3/11。体积是220亿立方千米，约是地球体积的1/49。质量是7 350亿亿吨，只有地球的1/81。在太阳系的100多颗卫星当中，月球并不算小，它的体积仅小于木卫三、土卫六、木卫四、海卫一和木卫一，排在第6位。它的表面重力只有地球的1/6，一个60千克重的宇航员到月面上会"身轻如燕"，只有10千克了。据登月者说，在月球上行走最好像袋鼠那样，一蹦一跳地跳跃式前进。

像地球一样，月球也是一个坚实的固体星球。其中心的核由铁元素构成；中间一层是月幔，由软流层与岩石构成；最外的月壳表面是瓦砾的风化层。美国"阿波罗"宇航员登陆月球时，在月面上踏出了许多深深的脚印。这些足迹很可能会在荒凉的月面上得到永远的保存。

月球离地球最近时的距离为356 400千米，最远时为406 700千米，平均为384 000千米。除了绕地球公转外，它还

月球（左上）比地球小了很多
（"旅行者"飞船所摄）

在不停地自转着。月球总是以同一半球朝向地球的，这是因为月球的自转周期与公转周期完全相同的结果。在1959年前苏联的"月球3号"绕到月球背面以前，人们从不知道月球背面是什么样的。

不同的时日月亮呈现出完全不一样的姿态，在农历三十、初一两天，月亮大体与太阳同时升落，所以一般见不到月亮；在初二、初三日，太阳落山时，一勾弯月如细眉，出现在西方地平线附近的天空中；到初七、初八时，太阳落山，半圆的上弦月移到正南方天空；在十五、十六日，日落西山时，一轮满月升东海；再往后，太阳落山时，月亮还在"地底"下迟迟不肯出来；及至农历二十八、二十九日，天空出现残月时，东方已经破晓了。

月亮骗局

19 世纪 30 年代，发现天王星的天文学家赫歇耳的独子约翰·赫歇耳继承父业，带上 3 架天文望远镜，不远万里到非洲好望角，进行了为期 4 年的天文观测研究。在 1847 年发表了辉煌的研究成果后，他立即荣获了英国皇家学会的"柯普莱奖章"。

可谁能料到，这件事会让人借题发挥，制造出一个轰动世界的"月亮骗局"。

1835 年 8 月 25 日，美国的《纽约太阳报》开始刊载一则"科学连载"，文章的作者是一个年轻的作家洛克。他的第一篇文章是介绍约翰·赫歇耳的南非之行，并且对约翰·赫歇耳的功绩大加称道：刚过不惑之年就发现了3 347 对双星、525 个星团，参与了英国皇家天文学会的筹建……洛克说这一切，无非是为了引出下面的谎言：约翰·赫歇耳不同寻常的科学远征带着精良的仪器设备，3 架天文望远镜可以让人看清月面上约 45 厘米大小的物体，想必一定会有惊人的发现。

做了这样的伏笔后，洛克在其第二篇大作（刊于 8 月 26 日）中就抛出了"独家新闻"：天文学家约翰·赫歇耳已在月面上见到了"镶着金边的绿山"、"河马居住的洞穴"、"非常鲜艳的花丛"以及"高大挺拔的大树"。

以后的相关报道更是步步深入，如在月面上的湖泊中，天文学家见到了如犀牛那样的巨兽，它们在碧波荡漾的湖水中悠然自得地嬉水，而白色的麋鹿在草皮上漫步，密密的森林里有唱着优美歌曲的小鸟，海里的海獭有着不凡的智慧，竟然会造屋做饭……

最后的高潮自然是"月亮人"了。洛克在文章中称，约翰·赫歇耳确已

洛克炮制的"月亮人"

见到了"月亮人"——他们是一种长着双翅的人形"智慧生物",看起来比地球人还聪明。洛克得出的结论是:"他们肯定拥有先进得多的科学技术,过着富有无忧的生活,是一种理性生物。"

一时间,洛克大红大紫起来,《纽约太阳报》一度成了世界上发行量最大的报纸之一。

天文学家开始时对此不屑一顾,他们认为这种低级谎言不会有什么市场,可是不料会出现这样的轰动效应,于是不得不出来揭穿这个骗局:洛克说约翰·赫歇耳的望远镜能看清月面上45厘米的物体纯属信口开河,因为能达到这样分辨本领的望远镜的镜头直径至少要在500米以上。

子虚乌有的"月球轰炸机"

《纽约太阳报》的骗局终究结束了，但新的戏法却是层出不穷。1976年，美国出版了一本关于玛雅文化的书，书中就有离奇的"月球文明"："大约在40年前，天文学家就发现，月面上有一些无法解释的'圆顶物'，到1960年时已记录在案的达到了200多个。奇怪的是，这些圆顶物还在月面上从一处移动到另一处……"书中还说："1950年在一个玛雅庙宇的圆形拱门上，人们发现了一幅'月球背面图'。"接着书上还说，苏联与美国的2颗卫星拍摄到了月面上有一些"尖顶物"，作者认为："这些直径15米、高13～23米的东西像是智慧生物故意放在那儿的"。说到最后，书的结论是："玛雅人至今还生活在月球的表面之下"。

1986年，《太阳报》（即原来的《纽约太阳报》）也声称，苏联的空间探测器在月球的背面（注：又是平时看不见的背面！）发现了一座巨大的城市，巨大的城墙内还有一个"飞碟基地"。美国的一个叫凯恩奇的人说，他从美国航空航天局所发布的月面照片中发现了"隐在山脊中的飞碟……这些飞碟前后部都呈柱形突出体，其中的马蹄形装置百分之百是它的反重力设备……这些飞碟大得吓人，约有100千米。"另一位更是匪夷所思地在《月球的原住者》中扬言，月面上的那个飞碟至少有16千米，但当人们想再次拍摄时，它又突然消失不见了，连着陆的痕迹也找不到。他的结论是："这绝非是现代人类的科学技术能够制造的，它们存在于月面上，就表示外星的智慧生命一定占领着月球的背面。"至于对于别人诘难飞碟的大小时，他的回答是："这是来自其他星球上超级智慧生物的作品，怎能用我们现在的水平与价值观来衡量它呢？"

更荒唐的是，1986年的"愚人节"（4月1日），美国《世界新闻周刊》曾经发布新闻说：一艘宇宙飞船发现，在月球背面的一个环形山中，赫然停放着一架美国在第二次世界大战时期使用过的轰炸机！消息几经辗转，到

1987 年时，竟变成了苏联人的"大发现"——他们的首席航天专家麦杰维耶夫博士说，从他们得到的资料表明，虽然那架重型轰炸机的表面有一些地方因受到了微流星的撞击略有破损，但整体却完好无缺，经过放大之后，它机身上美国空军的标志仍清晰可见。他还说，令人惊奇的是，它上面还好像有一层青苔那样的绿色物，给人以刚从水中捞起来的感觉。于是，他的结论是："这架飞机可能是被外星人劫持后，被外星人送到了月球上。"1 年之后，这位博士再次让

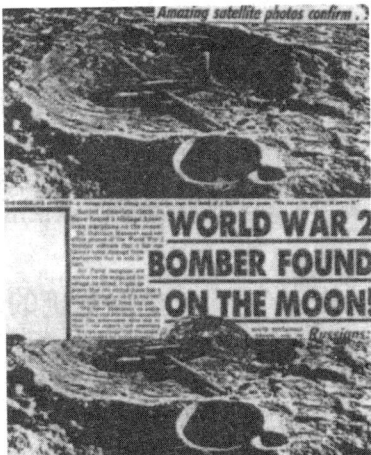

月球背面的环形山内有一架美国轰炸机

世界大吃一惊，他说，当苏美组成的"联合小组"准备对其开展深入调查时，这架神秘的飞机竟然莫名其妙地消失得无影无踪，在原先停机的那个环形山中，甚至找不到任何痕迹，"想来是外星人抢先一步，知道了地球人的企图后，又把它迅速转移走了"。

制假者自以为聪明，以为在地球上怎么也不能看到月球的背面，所以有些"死无对证"的味道。但是，假的就是假的，明眼人总是能从中发现破绽：照片中的飞机是 B-52 轰炸机，可 B-52 轰炸机是在 1955 年才服役的，二次大战中美国使用的是带着螺旋桨的 B-29。英国空间中心的一位高级职员当即就写信给英国宇航协会主办的《空间飞行》杂志，揭穿了这个弥天大谎。他指出那是两张不相干的照片拼凑成的伪造产品，作为背景的那座月球背面的环形山，原是"阿波罗 11 号"宇航员所拍摄，从照片的比例看，这架飞机至少要有几十千米长，世上哪会有如此巨大的飞机？

其实美国人都知道，《世界新闻周刊》是只在超级市场上出售、让人看完就扔的刊物。它的一位编辑塞尔·伊冯曾经直言不讳地承认，这不是科学出版物，所以，他们除了从世界各地 1 000 多种出版物中摘录消息外，还有一个专供"小道消息"的网络："我们常用喜剧的形式来编造各种有趣的故事来吸引读者……信不信由你。"

屡创奇迹的"月球人"

现在可以肯定,"月亮人"只是人们一种良好的愿望,但是科学却铸就了真正的"月球人",他们就是美国 12 个飞临月面上空、12 个登上了月球的"阿波罗"宇航员。

20 世纪 50~60 年代,苏联的太空技术让世界为之瞠目:第一颗人造卫星上天,第一个宇航员升空,第一个宇航员在太空漫步,第一个人造飞行物击中月球,第一个拍摄到月球背面的照片……这大大刺激了一向自我感觉极好的美国。为了改变这被动难堪的局面,1961 年入主白宫的肯尼迪总统立即下令,制定新的航天计划,并宣布:"要把苏联人击败在月球上!"他敦促美国航空航天局必须"在 10 年内,把美国人送上月球。"于是,空前绝后的"阿波罗"工程开始实施起来。

"阿波罗"计划是人类的伟大创举,标志着人类开始迈出"地球村"去领略太空世界。1990 年在评选世界 25 年来十大科技成就时,"人类登上月球"被列为榜首。

"阿波罗"计划始于 1961 年 5 月,结束于 1972 年,其间美国投入了 255 亿美元,集中了 2 万多个企业、200 多所大学和 80 多个科研机构共 42 万人为之努力。值得一提的是在 4.3 万名科技人员中,华裔科学家占了 1/3。计划发射 19 次(后实际发射 17 次),最初的 3 次是模拟飞船;第 4~6 次是不载人的试飞行;1968 年 12 月 21 日,"阿波罗 8 号"载着 3 名宇航员博尔曼、洛弗尔和安德斯,完成了人类第一次绕月飞行,这 3 位世界上最早的"月球人"绕月球飞行了 10 圈,向地球播放了 2 次电视实况,并带回了许多宝贵的资料。

24个"月球人"简况

绕月者	飞船	发射日期	当时年龄
博尔曼			40
洛弗尔	8号	1968年12月11日	40
安德斯			35
斯塔福斯	10号	1969年3月18日	39
柯林斯			39
阿姆斯特朗	11号	1969年7月16日	39
奥尔德林			39
戈登			40
康德拉	12号	1969年11月14日	39
比恩			37
斯威洛特	13号	1970年4月11日	39
海斯			37
鲁萨			41
谢德	14号	1971年1月31日	48
米切尔			38
沃登			39
斯科特	15号	1971年7月26日	39
欧文			41
马丁利			36
扬	16号	1972年4月16日	42
杜克			37
伊万斯			39
塞尔南	17号	1972年12月7日	38
施密特			37

从"阿波罗11号"开始到"阿波罗17号"（其中"阿波罗13号"因中途出现事故而未能实现计划）结束，每次都是1人作绕月飞行，2人登上月

月面上的第一个人类足迹

面，故踏上月球土地的只有 12 人。1969 年 7 月 20 日 22 时 56 分 20 秒（北京时间 21 日 12 时 56 分 20 秒），第一个登月者阿姆斯特朗的左足终于在月面上留下了人类的第一个脚印。当时他所说的那句话，现已成了名言："对一个人来说，这是一小步，但对人类来说，这是一大步。"的确，这是跨越了几千年和 38 万千米的不同寻常的一大步！

这些创造了人类奇迹的"月球人"归来时都受到了英雄般的欢迎，多数人也从此一帆风顺。阿姆斯特朗十分谦虚，一生淡泊名利，在多次太空飞行中，他都能临危不惧，化险为夷，他总是强调说自己是一个"平常得不能再平常的人"。在从月球上回来后，他曾在一所大学中执教，但不久就辞职隐居在一个小城镇的郊外，过着中国陶渊明式的田园生活。没有踏上月面的詹森，后来成了一位三星将军。杜克于 1987 年曾来中国访问，其时他是"美国联络世界领导人委员会"的重要成员。地质学家施密特一度从政，成为新墨西哥州的参议员。比恩本是工程师，可从月球回来后却醉心于绘画，并成了世界上惟一上过月球、专以月球为题材的艺术家，据说他的月球画上都涂有"月尘"的微粒，所以奇货可居，每幅作品至少要价 5 万美元以上。

但也有几个人不能正确对待荣誉。如与阿姆斯特朗一起登月的奥尔德林，一直生活在"登月第二人"的阴影中，一度被送入空军医院的精神病房。妻子因而离他而去，第二次婚姻也因他过度酗酒而破裂。最后，在朋友们的帮助下，戒了酒，开始了正常的工作与生活，撰写了两本著作和一部科幻小说。最令人扼腕的是资历不浅的斯科特，他在登月前赶制了一批"首日封"，上面印有"阿波罗"登月舱的图案，并贴上了与登月有关的邮票，把它们夹带上了月球，回来后又逐个加盖了特殊的邮戳，以每个 2 000 美元的高价出售。可最后东窗事发，被"请出"了航天局，弄得声名狼藉。

重返月球

"阿波罗"工程结束了，但人们并没有忘记月球。正如一位科学家所言，月球上有许多新资源，是未开发的新领域，也是人类通向其他星球的跳板。由于月面上的重力特别小，采矿特别方便，现在已知月岩中至少含有 89 种矿物，其中铝、钛等含量尤为丰富，约是地岩的 6 倍。此外还有 6 种是地球上没有的资源，尤其是它那里蕴藏着丰富的氦－3——这是一种可以用于核反应却没有污染的高效燃料。科学家指出："只要有 25 吨氦－3，就可以满足美国一年的能量所需。"

月球上没有大气层，也就不会有大气干扰。同样的仪器，分辨本领至少可以比在地球上提高 10 倍以上，而且小重力能制造出更大的天文望远镜。

正因为如此，世界各国包括美国、俄罗斯、乌克兰、欧共体、日本等 10 个国家与地区都在跃跃欲试，争取在重返月球时夺得先机。

2004 年 1 月，美国总统布什正式宣布了"三部曲"：先是于 2007 年前后发射一颗"人造月球卫星"，在它绕月运转期间，向月球发射几枚特别的导弹"地堡克星"，这种导弹能穿透月球表面地层数米，其高能量又能使所带的仪器在地下开始工作，最后寻找到几个可以建立适合人类居住与工作的基地；第二步是在 2008 年开发一种"乘员探索飞行器（CEV）"，以替代现在所用的航天飞机，2014 年正式投入使用；第三步是正式登月，先于 2008 年前后发射无人驾驶的月球探测器登陆，做好一系列的先行工作，然后在 2018 年让美国宇航员重返月球，在月面上建立永久性的"月球基地"。

在美国总统布什提出建立月球基地的计划后，美国"拯救文明联盟"组织提出"月球方舟"计划，要在月球上储存地球物种的 DNA 样本和人类文明知识，以防万一地球遭遇全球性的毁灭性灾难，那么储存在月球的生物 DNA 样本仍然可以用来重新把人类和万物复原。

提出"月球方舟"计划的"拯救文明联盟"组织成员并不是科学狂热主义者，他们都是非常严肃的科学家。

美国这一次的登月计划中将采用新一代宇宙飞船系统。整个系统包括载人型和载货型两种"乘员探索飞行器"，以及"月球着陆器"和"地球出发站"，他们分别相当于当年登月的"阿波罗"飞船的指令舱、登月舱和服务舱。

载人型"乘员探索飞行器"有5.5米长，可多次重复使用；载货型"乘员探索飞行器"长度几乎是载人型的2倍，载货量至少是航天飞机的5倍。

"乘员探索飞行器"系统抛弃了航天飞机的设计理念，与航天飞机相比，有更高的安全系数。

美国这次重返月球计划与当年的"阿波罗"载人登月工程有很大的不同，如载人型"乘员探索飞行器"比"阿波罗"飞船大2倍，体重也增加了一半以上，达25吨，所以除能搭载4~6名航天员外，还能运送大批物资到月球，

美国重返月球载人飞船

设想中的月球基地

为将来的连续登月作准备。他所运送的物资数量可以帮助航天员在月球上生活 6 个月的时间。而"阿波罗"飞船只能运送 3 人，让 2 人在月球表面登陆。

按照计划，美国在 2018 年打开重新登月的大门后，将以每年至少两次的频率继续登月，每组航天员可以在月球停留半年，像"国际空间站"的操作模式一样，负责那里的日常运作并完成相关使命。

最终，美国将在月球南极建立一个航天员常驻月球基地。在该地区建立基地是因为那里有大量氢，可能还拥有水冰。这对人类最终实现载人登火星极为重要，因为若能实现从月球向火星发射载人航天器，不仅可以大大节约发射成本，而且还可以利用月球资源。建立月球基地也可以为未来火星登陆计划积累经验和进行相关的技术准备。

另一个航天强国俄罗斯也不甘落后，尽管它在 20 世纪的登月竞赛中遭到了惨败。其实当年的苏联也制定过周详的登月计划，还培养了两名登月宇航

俄罗斯设计的月球基地模型

员——格列奇科和马可罗夫，可是设计制造 H－2 运载火箭的权威人士科罗廖夫在痔疮病发作开刀时，却让一个喝醉了的外科大夫糊里糊涂地弄死了。科罗廖夫的枉死，让苏联的航天事业一度处于"技术真空"状态。1969～1972 年的 4 次火箭试验全部以失败告终，因而当时他们至多只能让无人飞船"月球号"去取一些月岩标本。

2005 年 7 月，俄罗斯航天局宣称，政府业已批准了 2006～2015 年预算达 3 000 亿卢布的航天计划：在 2008 年前制造并发射 26 颗新卫星；往后的 10 年内将发射 70 颗新一代卫星；2010 年建造在月球上的"月球基地"；2015 年向火星发射载人飞船。

欧洲已经不声不响地于 2003 年 9 月 28 日把一枚"SMART－1"月球探测器送上征程。经过 13 个月的奔波，它已胜利抵达环绕月球的轨道，并开始向地球发送有关资料。欧洲空间局还表示，他们已经决定在 2008 年之前再发射一枚月球探测器，随后在 2009～2010 年实现软着陆，最后将于 2020 年实现宇航员登上月球，并完成基地的建设工作。

此外，日本与印度也极想挤进"返月俱乐部"。日本曾于 1991 年成功发射了"飞天号"月球探测器，按计划它于 1993 年撞向月球，实现了硬着陆。1996 年日本提出了一个行动计划，准备花 30 年时间和 260 亿美元，建造一个包括居住区、生产氧与能源的工厂及天文台的永久性月球基地。印度于 2003 年公布的探月计划则是先于 2007～2008 年发射无人飞船，2015 年让印度的宇航员踏上月球大地。

世界瞩目的"嫦娥工程"

在世界各国跃跃欲试重返月球的热潮中，我国科学家同样是雄心勃勃。2004年1月，酝酿已久的月球探测工程终于被批准立项，正式命名为"嫦娥工程"。

"嫦娥工程"极富中国特色，它分为"绕"、"落"、"回"三个发展阶

"嫦娥1号"探月卫星

段："绕"是指在2006年前后发射一颗"嫦娥1号"月球卫星，实现环绕月球飞行探测的目标，建立月球探测航天工程的初步系统；"落"是要在2007～2010年期间发射月球测器，在月面上实现软着陆，并进行月球探测；"回"是要在2011～2020年期间发送能在月面上巡视探测的"月球车"，采取月面物质的样品后返回地球。

"嫦娥1号"探月卫星重1～2吨，将携带CCD立体照相机、成像光谱仪、激光高度计、微波辐射计、太阳宇宙射线监测器及低能粒子探测器等多种科学仪器。

"嫦娥1号"探月卫星的总投资为14亿元，它的四大目标是：获取月球整个表面的三维立体图像，此前虽有个别国家已做过类似工作，但立体图像中还存在一些空白区，特别是南极和北极区域还没有三维影像图；探测月球表面14种"有用元素"的具体含量

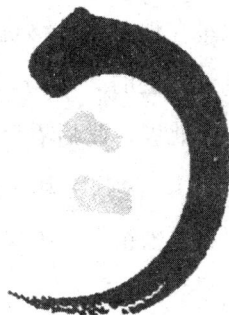

中国探月
CLEP

中国探月工程标识

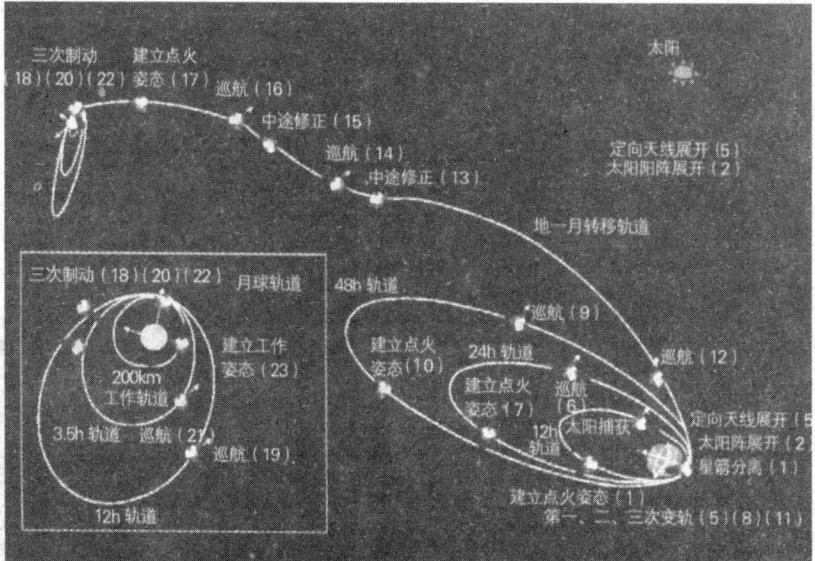

"嫦娥1号"探月卫星飞行路线示意图

与其分布特点；探测月球土壤的特性，较为准确地获得将为地球提供可持续发展能源氦－3的资源量和分布特征。据测算，我国每年只需要10吨左右氦－3，即可满足全年能源的需求。而月球可能有100万～500万吨氦－3资源量，能够满足地球上万年的能源需求；探测地－月空间环境，研究太阳活动对于地－月空间环境的影响，尤其是太阳风的状况与原始数据。

"嫦娥1号"探月卫星后来定在2007年发射升天。当"嫦娥1号"探月卫星在地－月转移轨道上飞行到距月球200千米时，卫星就接受减速制动指令（图上的"18"）并进入绕月轨道，此轨道是精心设计的，能经过月球的南、北极。此后在离月球最近时，再经过2次制动减速（图上的"20"、"22"），最后变为一条绕过月球两极的圆轨道，这时高度正好是200千米。卫星将进入正常工作状态，在轨道上进行仪器测试，展开预定的研究探测。

月圆之日沙尘暴高发

钱塘江每年的农历八月十八涌潮最大，潮头可达数米。其引发机制就是天体引力和地球自转离心力的作用，此时地、月、太阳在一条直线上，地球受到月亮和太阳的双重引力，海洋水面被"拉升"，这时潮水也被向上拉扯。由于杭州湾喇叭口的特殊地形，让潮水再次翻涌出来，造成海潮来时声如雷鸣、排山倒海的架势。

每年的3月，漫天黄沙卷起，给我国北方带来无限困扰，近几年沙尘暴的触角已开始延伸到南方。沙尘暴发生的原因究竟是什么？是漫天的大风、上升的气流或是其他？中国科学家40多年里一直在追寻沙尘暴发生的规律，希望能为预报提供一个准确的依据。

南京大学的吴绍华博士，在研究了1954～2002年这49年间中国223次典型强沙尘暴事件后，发现了一个独特的现象：沙尘暴的发生和月亮的阴晴圆缺之间存在着某种微妙的关系——在一个月中，发生强沙尘暴极大值时恰恰是月圆之日——每月的农历十六，而沙尘暴较少发生在上弦月和下弦月的时间，也就是说月亮只现半张脸的时候，沙尘暴发生的概率最小。

但是，月亮"阴晴圆缺"的变化只不过是引发沙尘暴的触发机制，还不是根本原因。月球对于地球的影响绝对不仅仅是触发沙尘暴。作为地球的惟一卫星，月球对于地球引潮力的作用，可能诱发地震，对人体健康和生物的活动产生影响，而且对气候也有影响。

月圆之夜被许多高血压患者视为一个危险时期，人体70%～80%的成分是由与海水相似的体液组成，它犹如一个微型海洋，在月圆时免不了要受月球引力的影响而发生潮汐反应。对患有心血管疾病的老年人来说，这是一个月中易发心脏病和中风的日子。

"火星人"的博物馆

　　火星有两颗很小的卫星火卫一与火卫二，因为它们实在太暗太小（较大的火卫一也只有 13.5 千米 ×10.8 千米 ×8.4 千米），又与火星靠得很近，它那微弱的星光总是被火星的红光所淹没，所以很难一睹芳容。1877 年，美国天文学家霍尔在几乎绝望，正准备打退堂鼓时，受到他的爱妻要他"再坚持一夜"的鼓励，才有幸把它们逮个正着。

　　早在 17 世纪初，发现行星运动定律的开普勒出于"宇宙是和谐的"猜想，认为地球有 1 颗卫星（月亮），伽利略又发现木星有 4 颗卫星，那么介于中间的火星应当有 2 颗卫星。当然，这其实是没有科学根据的类比。奇怪的是，爱尔兰作家斯威夫特在其 1726 年出版的《格列佛游记》中却明确地记载了火卫。书中除了"大人国"、"小人国"外，还有一个"飞岛国"，飞岛国中的勒皮他人有着极为丰富的天文知识，他们居然"还发现了两颗小星星，或者叫卫星，在绕火星转动，靠近火星的一颗离主星中心的距离恰好是主星直径的 3 倍，外面一颗的距离是主星直径的 5 倍；前者 10 小时运转一圈，后者则 21.5 小时运转一周……"这比霍尔的发现至少早了 151 年。令人称奇的

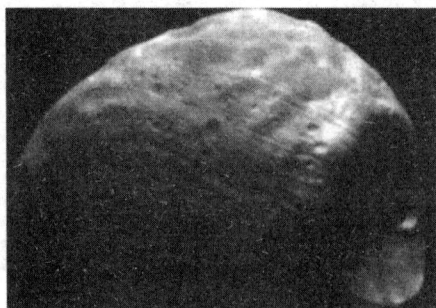

火星的两颗卫星，较大的是火卫一

火星的两颗卫星，较小的是火卫二

是，斯威夫特竟认定火卫一的公转周期比火星的自转周期还短。这样从火星上看起来，火卫一是西升东落的，这也是卫星世界中惟一的特例。后来有人戏称斯威夫特是个"火星人"，不然他何以对火卫的刻画会如此入木三分呢？

两颗火卫因其貌不扬，发现后近百年来几乎一直坐着冷板凳。然而在1958年却是大大地风光了一番，当时苏联天文学家谢克洛夫斯基发表了一篇轰动世界的论文，认为这两颗火卫并不是一般的天然卫星，而是"火星人"在史前时期发射上天的"火星人造卫星"。

谢克洛夫斯基的依据是，他观测到这两颗火卫的运动有着只有人造卫星才具有的"加速现象"，尤其是火卫一。他测定的结果是它的公转周期每天都缩短了百万分之一秒，依此类推，它将在2.8亿年后坠落到火星表面上。火星大气的阻力虽然能让卫星轨道降低，但其作用远没有那么大，最合理的解释是卫星的质量很小，根据计算得出的结论是它是空心球，而自然界不可能会出现中空的卫星。

谢克洛夫斯基还认为，火卫的大小被不适当地夸大了，既然它是"人造的"，表面当然不是岩石而是金属，所以实际直径将不是现在公认的几十千米，而只有千米左右。"火星人"可能有比现代人类发达得多的高科技，制造这样大的卫星也是可能的。

至于"火星人"制造它们的动机，谢克洛夫斯基认为，因为火星的生态环境日渐恶化，早已掌握了太空技术的"火星人"不得不远走高飞，去寻找适合他们的"伊甸园"。在迁徙之前，他们决定发射这两颗卫星，以把他们高度文明的精华部分放入其中，所以它们可能是两个奇特的"火星文明博物馆"。

转眼一晃过了10多年，1971年，美国发射的"水手1号"无人飞船终于飞到了火星的上空，并绕着火星转了整整一年多，从它发回的资料终于让这个美丽的神话破灭了，因为它所拍摄到的两颗火卫的近距离照片上，可以清楚地看出，它们的形状极不规则，表面布满了大大小小的石坑，简直就像是被老鼠啃得不成样子的大土豆。科学家已经证明，正是这不规则的外形，加上它的质量较小，才造成了较大的加速现象。

火星"人脸"之谜

1976 年 7 月 25 日,美国"海盗"1 号火星探测器在火星"西多尼亚"地区拍到了一张类似"人脸"的照片,这张脸上不仅有眼睛,甚至还有鼻孔和嘴巴。

尽管美国航空航天局从一开始就声明,火星"人脸"只是普通的岩石山丘,它之所以像人脸,是由于阳光阴影形成的特殊效果而已,然而,这张"人脸"照片仍然引发了各种各样的阴谋论。

阴谋论者宣称这个"火星人脸"是外星人雕刻的,或者火星上曾经存在过高度发达的古代文明,而"火星人脸"附近一些金字塔形的山丘,更加深了阴谋论者的怀疑。

这些说法激怒了前美国航空航天局局长丹尼尔·戈尔丁,他许诺下一艘美国火星探测器一定会重拍"火星人脸"。因为给"火星人脸"拍摄一张新照片比辟 100 次谣更有效。

1998 年和 2001 年"火星全球勘测者"飞船再次对"火星人脸"地区进行了拍摄,这些照片让"阴谋论者"大失所望,因为照片上的山丘根本看不出像人脸。

也有人认为,当时正是火星上的多云季节,云层可能影响了拍摄效果,所以这些照片不算数。

当欧洲空间局的"火星快车"探测器在 2003 年抵达火星上空时,许多人都要求用"火星快车"上的照相机重新拍摄"火星人脸"地区照片。

从 2004 年以来,"火星快车"就试图拍摄"火星人脸"的清晰照片,但总是被大气中的尘埃或薄雾所阻扰。

2006 年 7 月 22 日,水落石出的日子来了。"火星快车"上的"高解析立体相机"终于拍摄到了一些最清晰的"火星人脸"地区照片,欧洲科学家用这些照片制造出了"火星人脸"和周围环境的高清晰三维地图。

"火星快车"拍摄的新照片证实了"火星人脸"的确只不过是普通的被自然腐蚀形成的山丘,并且从其他角度看,它根本就不是人脸。

"伽利略" 杀身成仁

伽利略是天文学上一个划时代的人物。他开创了"望远镜天文学"的新时代,让人类见到了一个全新的宇宙。他用自己的众多新发现坚定地支持了哥白尼的"日心学说",尽管他因此受到了封建教会的残酷迫害。连审讯他的教皇乌尔班八世最后也无奈地承认:"只要木星的光芒还在天空中闪耀,人们就不会忘记伽利略。"

20 世纪 80 年代,美国航空航天局决定发射一枚专门用于探测木星及其卫星并能长期在"木星王国"工作的无人飞船,它被命名为"伽利略木星探测器"(简称"伽利略"飞船)。

从航天飞机上出发的"伽利略"飞船

1989 年 10 月 18 日，这艘重 2.55 吨的飞船进入了茫茫太空。1995 年 7 月 13 日，在离木星还相当遥远时，它点燃了备用的火箭，向木星发射了一枚"木星大气探测器"，这是真正进入木星王国的第一个"小客人"，它测量到木星大气中的各种参数——温度、湿度、压力、风向、风速、化学组成……

"伽利略"飞船本身则按照原定的计划，逐渐逼近木星，它计划在 30 个月中绕木星运行 11 圈，后来实际绕木星运行了 34 圈。它与木星的主要卫星 35 次相遇，还有 15 次靠近 4 颗伽利略卫星（木星最大的 4 颗卫星）的机缘，一共发回了 1.4 万张照片及其他数据。

"伽利略"飞船得到的资料为人们展现出一副木卫的新风貌。当年"旅行者"见到的木卫一上隆隆喷发的火山曾让全世界惊奇万分，1996 年"伽利略"见到的木卫一更是风情万种：一座大火山喷出蓝色的火焰，这是硫黄燃烧的结果；原先的一些火山已经不再活动，而在另外的地方则又出现了更多的活火山。由此可见，木卫一表面的地形地貌随时都在改变着，上面也找不到"年龄"超过 1 000 万岁的地形特征，这说明木卫一是太阳系中最年轻的天体。

关于木卫二的消息是"伽利略"获得的最激动人心的成果。木卫二的半径只有 1 569 千米，是 4 颗伽利略卫星中惟一小于月球的天体。1996 年 8 月，美国航空航天局（NASA）宣称：木卫二上存在着太阳系中除地球之外仅有的一个真正的海洋。1997 年，当飞船从其 198 千米近处飞过时发现，这颗卫星的表面有一个薄薄的大气层，在大气之下是一片棕红色的大海，洋面浑浊不堪，冰层上有巨大的冰山……木卫二的海洋中是否已经有了某些简单的生命形态？宇宙间到底有没有生命？科学家对此发生了浓厚的兴趣。

"伽利略"对于木卫三的探测也很有意义，它证明了这是太阳系卫星世界中的"大哥大"，这颗卫星不仅有大气层，大气中还有着电离层，更奇特的是它还具有一般行星才有的磁场。木卫三与木卫二一样，存在着液态水。这说明木卫三上也具备了生命发生的基本条件。

"伽利略"的"杀身成仁"是带有悲剧色彩的。在当年发射"伽利略"

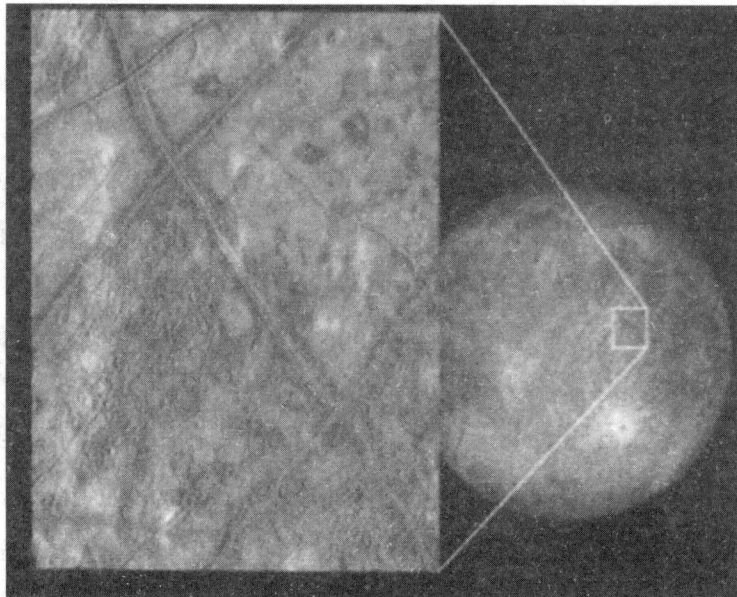

"伽利略"发现木卫二上最有希望存在原始生命的区域

飞船时，并未对其进行彻底的消毒和检疫。近年来许多资料表明，生命有着极其顽强的自我保护能力，有时它们能长年蛰伏下来，一旦到达新的适合其生长的地方，就会重新复活。如果"伽利略"一旦失控而"失足"落在木卫二上，而木卫二上确实有生命存在，那将是灾难性的后果。因此，美国 NASA 权衡再三后，只得忍痛作出决定，为了保护远在 6 亿千米之外的这片极有希望的"生命乐土"，让"伽利略"杀身成仁。

2003 年 9 月 21 日，在 NASA 科学家的指挥下，"伽利略"义无反顾地以每秒 48 千米的巨大速度冲进木星的大气层而焚毁，为长达 14 年的太空之旅画上了句号。当时，约有 1 500 名与"伽利略"有关的人士聚集于美国航空航天局喷气推进实验室，为这颗探测器"送终"。当时的场面让人们颇为伤感。一位名叫洛佩斯的科学家说："对一位老朋友说再见，真有点难过。"坠落过程开始后，最后一任项目主管亚历山大女士的眼睛一度变得湿润起来。

对"泰坦人"的亲切问候

"卡西尼"飞船探测土星是 20 世纪最后一项大规模的空间探测计划，耗资 34 亿美元。飞船总重 6 400 千克，配有 27 种功能各异、性能极好的先进仪器与 44 台处理器。它在到达目标后，将在 4 年内环绕那具有绚丽光环的土星转上 74 圈，将为人类提供 50 多万张关于土星及其卫星的近距离高清晰照片。

1997 年 10 月 15 日，"卡西尼"飞船飞上了太空，经过 7 年飞行 34 亿千米（相当于从地球到月亮打了 5 000 个来回）的漫漫征程，终于顺利地到达了目的地。

"卡西尼"探测计划中的一个亮点是向迷人的"土卫六（泰坦）"发射一枚"惠更斯"探测器，因为这颗比月亮还大的橘红色大卫星，是太阳系中拥有浓密大气层的佼佼者，它有着丰富的有机物，所以在"火星人"的神话破灭后，科学家对其寄予无限的希望。

2005 年 1 月 14 日，重 350 千克的"惠更斯"经过 173 分钟的艰难旅程，投入了"泰坦"的怀抱，成为这颗大卫星的第一位贵客。"惠更斯"在泰坦上存活了近 2 个小时，尽管因为探测器上两台数据传输系统中有一台出现了故障，原本计划发回地球的近 700 张土卫六照片结果只有一半传输成功，也不能否认此次探测取得了巨大成功。在公开的首张土卫六彩色照片中，人们看到该星球到处是一片橙色，其表面就像海绵一样多孔而富有弹性，位于最上面的是一层薄薄的岩石外壳。众多迹象表明，这颗卫星极像 40 亿年前的地球，有人甚至预

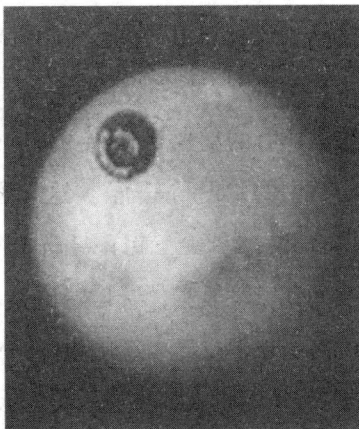

"惠更斯"向"泰坦"降落

言，在 20 亿年后，那儿也会萌发出生命。

土卫六的南极地带有一处很像湖泊的地貌，科学家说，这很可能是土卫六表面的甲烷湖泊之一。它长约 234 千米，宽近 73 千米，大小相当于美国和加拿大边界处的安大略湖。在照片上，它看起来是一个边界平滑蜿蜒的暗斑，周围是浅色的土卫六云层。

尽管科学家对"泰坦"上是否存在生命没抱什么奢望，但出于人类对地外文明的迫切心情，所以美国航空航天局（NASA）还是在网上向全世界征集对于"泰坦人"的问候，反应之热烈大大出乎意料，响应者遍及 81 个国家和地区，人数则多达几十万，NASA 将其制成一张光盘，安放到"惠更斯"上。

"惠更斯"发回的"泰坦"表面照片

这些问候中不乏诙谐幽默，读来叫人忍俊不禁。一个署名为"地球虫"的人，直率地说："喂，你们好，'泰坦'上的绿色小虫子！"一个 13 岁的纯真少年（署名为路易·卡斯特罗）则充满了热情："想多交些朋友吗？那就快来吧，让我们相聚在蓝色的星球上。"一个自称丹尼尔·卡弗里诺的诗人留下了他的得意诗作："不要因为看不见阳光就伤心哭泣，因为朦胧的泪眼将使你失去所有的星光。"最绝的是一个长得并不漂亮的法国女郎，想在那儿寻找她心目中的"白马王子"，这个署名为弗露兰斯·杜戈雅的姑娘在她的征婚启事中自称："芳龄三旬，身高 1.83 米，金发碧眼，幽居地球法国某风景如画的乡间，家境殷实，诚觅魁梧健壮的地球之外的青年为伴，当然富有浪漫情调的终身伴侣更让人喜出望外……"美国总统克林顿也不甘落后，他留下的话是："所有世人都想成为美国人，亲爱的泰坦人，欢迎你们成为宇宙中最美丽的美利坚的第 51 个州的州民。"

最奇特的海王卫星

海王星发现于 1846 年 9 月 23 日，可实际上，英国一位出身于酿酒商的天文学家拉塞尔曾在此前的 8 月 4 日与 12 日两次观测到它并记下了它的位置，只是苦于没有一张详细的星图，加上他不久不小心扭伤了脚，才失去了这个荣誉。好在拉塞尔没有怨天尤人，待脚伤一好，便更加勤勉地观测起这颗新行星，苍天不负有心人，在新行星诞生 17 天时，他就发现了其身旁的卫星——海卫一，初步测定这是一颗比月球大得多的卫星。

海卫二则迟至 1949 年才被发现，它的半径只有一二百千米。通常来说大卫星都是自西向东绕行星转动的，但海卫一却反其道而行之，其轨道是标准的圆轨道；相反，海卫二虽然运动的方向是正常的，但却沿着一个极扁长的椭圆轨道运动。

海王星是太阳系的第八大行星，但过去人们对其所知甚少。1989 年 8 月，美国的"旅行者 2 号"无人飞船按照原定计划，来到了海王星的身旁，是迄今为止惟一探访它的飞船。"旅行者 2 号"发现了 8 颗新的海卫，它对于海卫一这颗让人困惑多年的卫星的探测，让人惊喜万分。

"旅行者 2 号"准确地测出了海卫一的大小，半径为 1 360 千米，略小于月亮。从飞船发回的照片来看，人们的第一印象就是"海卫一奇特无比"。与一般的卫星上总是死气沉沉相反，海卫一显得很有生气：它的天空中不时下着纷纷扬扬的鹅毛大"雪"，地面上至少有 3 座火山在隆隆喷发。当然，海卫一上下的雪是甲烷与氮的混合物，从火山口中喷出的也不是炽热滚烫的熔岩，而是白色的冰雪团块与黄色的冰氮颗粒。由于海卫一上的重力比月球还小，因此，空中的"雪花"能长时间驻留空中而久久不落地面；火山中喷出的物

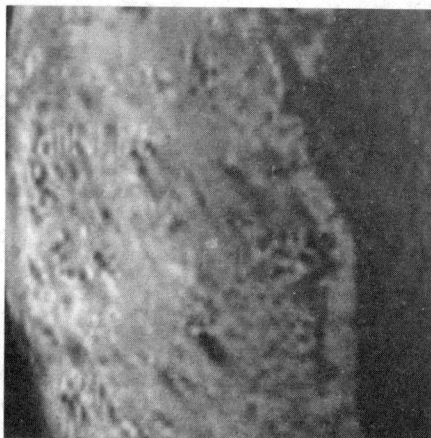

海卫一南极部分的表面

质可以直冲到 32 千米的高空中。

海卫一上的平均温度只有 - 240℃上下，这是目前所知太阳系中最寒冷的星球。在这样可怕的低温下，很多气体都会被冻成液体，所以在海卫一表面上流动的是液态氮。

让人不解的是，尽管海卫一并不大，可它有很多地方更像行星，除了没有"子卫星"在绕它运行外，它几乎具备了一般行星的所有特征：首先，它有一个大气层，厚度约有 800 千米，虽然比较稀薄，但却是不容忽视的大气，其主要成分是氮，其次是甲烷与氨；第二，海卫一的地形和地貌也与行星接近，其表面色彩斑斓，像是大理石构成的，在赤道附近则呈现为粉红色，那儿有似乎是被流体冲刷出来的大片平原和广袤的盆地，还有许多被山脊分割开来的圆形洼地，而不是通常卫星上所见的环形山；更主要的是，海卫一上有磁场，人们过去认为有无磁场是行星与卫星的分水岭。

更让人感到不可思议的是，"旅行者 2 号"发现，在海卫一的大气层中竟然还有一种"光化烟雾"，这种奇特的东西通常是人类活动（特别是汽车的尾气）造成的有害物质。这种污染是从哪里来的？

因为有这许多疑团，有人提出了海卫一的归宿问题，它到底应姓"卫"还是应姓"行"？

腹中空空的庞然大物

彗星是太阳系中的浮萍（一种水生植物），它绕太阳的轨道是极其扁长又极其倾斜的椭圆，绝大多数时候它离太阳都极为遥远（可以达到几百甚至几千天文单位），此时它只是一团 10 多千米大的深度冻结着的"脏雪球"，所以即使用威力最强大的天文望远镜，也仍然无法见到它的踪影。但当它沿着轨道回来"朝拜"太阳而慢慢接近太阳时，太阳的光与热会使它逐渐融化，升华出大量的气体，它的体态急剧地膨胀开来，有可能成为太阳系中体态最为庞大的天体，尤其是当它运行到火星轨道之内的区域时，在太阳风的作用下，会形成极为壮观，长达千万甚至上亿千米的彗尾，这也是它能引起古人极大恐慌的原因所在。

其实，绝大多数彗星的轨道是抛物线与双曲线，如果没有其他力量干预，它们将义无反顾地飞出太阳系。在已知的千余彗星中，只有大约 1/3 的彗星才是椭圆轨道的"周期彗星"。其中最为著名的就是哈雷彗星，因为它的周期不长不短为 76 年，与人类的平均寿命大致相当，所以能在一生中见它两面的人真是凤毛麟角。

关于哈雷彗星还有一则故事。1910 年，美国有一次部队的命令是这样传递并变样的。最初是营长对值班军官说："明晚大约 8 点钟左右，哈雷彗星将可能在这个地区看到，这种彗星每隔 76 年才能看见一次。命令所有士兵穿上野战服在操场上集合，我将向他们解释每 76 年出现一次的罕见现象。如果下雨的话，就在礼堂集合，我为他们放一部有关彗星的影片。"而值班军官对连长的传达就打了折扣："根据营长的命令，明晚 8 点钟哈雷彗星将在操场上空出现。如果下雨的话，就让士兵穿着野战服列队前往礼堂，每 76 年出现一次

1910 年出现的哈雷彗星特别明亮

的罕见现象将在那里出现。"到了连长口中已是:"根据营长的命令,明晚 8 点钟,非凡的哈雷彗星将身穿野战服在礼堂中出现。如果操场上下雨,营长将下达另一个命令,这种命令每隔 76 年才会出现一次。"排长对班长则说:"明晚 8 点钟,营长将带着哈雷彗星在礼堂中出现,这是每隔 76、年才有的事。如果下雨的话,营长将命令彗星穿上野战服到操场上去。"班长对士兵传达时彗星已成了将军:"在明晚 8 点钟下雨的时候,著名的 76 岁哈雷将军将在营长的陪同下身着野战服,开着他那彗星牌汽车,经过操场前往礼堂。"

彗星的质量小得可怜,即使是那些惹是生非的大彗星,其"体重"也不过是几千亿吨左右,只是比一座大山稍重而已,这仅是地球质量的几百亿分之一。如果把地球比作一头 5 吨重的大象,那么一般大彗星只相当于一只小小的蚂蚁。

彗星的主要物质都集中在彗核上,当它运动到火星轨道以内的区域时,彗核开始出现复杂的变化,其中挥发出来的物质形成了一个呈雾状结构的彗头,一些大彗星的彗头直径甚至会比太阳更大,如 1811 年出现的一颗彗星,最大时的直径竟达到了 1 200 万千米,是太阳直径的 10 倍!

由此可见,彗头中的物质实在是少得可怜,平均而言,其密度比空气还要稀 10 亿倍。有人打了这样一个比喻:把一粒大米碾成极细的粉末,取出其中的百万分之一,把其均匀地撒到北京的人民大会堂内——彗头中的物质大致就是这么稀薄。所以,天文学家经常能透过彗头看到其后面的恒星,而且星光没有明显的减弱。

彗尾比彗头还要稀薄上几亿倍，每立方厘米内只有几个分子。天文学家诙谐地说，如果有办法将其浓缩，能把几百万千米长的彗尾装进一只手提箱，一般人都能不费力地提起来。

正因为彗星是那么"松松垮垮"，所以它每次回归太阳时，都会抛洒出许多"血肉"。也有不少彗星在绕过太阳时，被太阳的引力（实际是潮汐力）所"撕碎"。人们最早目睹彗星分裂是在1846年，一颗名为"比拉"的彗星在1月13日夜晚竟然一分为二，变成了两个小白点，几天后，它们双双长大，各自生出了新的彗头与彗尾，成了罕见的"姐妹彗星"。此后，人们再也没有见过这对彗星，天文学家研究后发现，它们已彻底瓦解了。1965年，两个日本天文爱好者池谷与关发现的"池谷一关彗星"，在同年10月2日以每秒480千米的巨大速度绕过太阳，它离太阳最近时的距离只有46万千米（相当于0.66倍太阳半径）。它虽然经历了高温的考验，但却没能逃脱被撕裂的厄运，11月4日人们见到它时已分裂成3块了。

还有一些彗星会像飞蛾扑火那样，一头撞在太阳上。一个是冰雪团，一个是大火炉，其命运也就可想而知了。

凯旋而归"星尘号"

在 1985~1986 年哈雷彗星回归时，共有 4 艘无人飞船上了天，它们是：欧洲空间局的"乔托"、苏联的两艘"维加—金星"、日本的"彗星"。它们先后都飞到了哈雷彗星的附近，这是人们第一次对彗星的近距离观测，得到了丰富的第一手资料。为了进一步研究彗星，美国航空航天局于 1999 年 2 月 7 日发射了"星尘号"探测器。它自重约 385 千克，大小与街头上的电话亭相仿，外部装有特殊的防护罩。

"星尘号"的使命是去会见"维尔特 2 号"彗星，这是一颗较少有的、大致保持着"原汁原味"的古老彗星。

采集了彗星样品的"星尘号"飞船

"维尔特 2 号"彗星形成于太阳系的边缘区域，位于冥王星以外的地方，它的表面温度一直处于很低的状态，因而保留着 46 亿年前太阳系刚形成时的原始状态和原始物质，这对于揭开彗星的本质与演化都有重要的意义。极其幸运的是，"维尔特 2 号"彗星在 1974 年由于受到了木星引力的影响，改变

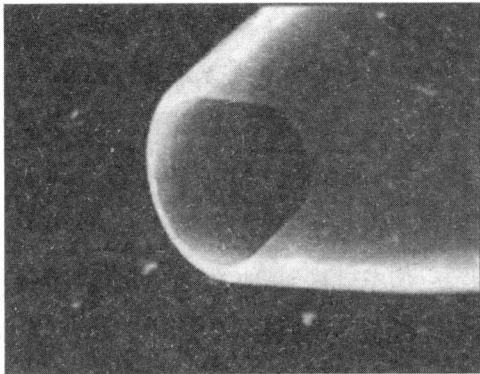

"星尘号"接近"维尔特 2 号"彗星图

了轨道，可以运行到离地球不太远的地方，使得这次历史性的"会面"变得切实可行。

2004 年 1 月 2 日，"星尘号"按时与彗星相遇，当它从彗星上空飞越时，除了拍摄照片外，还及时地打开了网球拍大小的尘埃收集器，搜集到彗核爆发时喷出的气体、尘埃物质。那些被捕获的粒子当时的速度为每秒 6.1 千米，尽管捕获的粒子比沙粒还小得多，但是高速捕获还是有可能改变它们的外形和化学结构，甚至完全被气化。为了收集时不破坏它们，采集器使用了硅基固体材料，它有海绵那样的多孔结构，99.8% 的空间处于真空状态。

"星尘号"的返回舱在 2006 年 1 月 15 日凌晨 3 时 12 分（北京时间 18 时 12 分），携带着从彗星上取得的尘埃，降落在美国犹他州大盐湖沙漠中，当时返回舱的速度达到每秒 12.9 千米，是迄今进入大气层最快的人造宇宙飞行器。

研究结果出人意料。"星尘号"收集到的这些物质中含有太阳形成早期喷射到太阳系边缘的高温物质。人们通常认为彗星是在太阳系外围寒冷之处活动的星体，主要由冰、尘埃和气体组成，因此"星尘号"首席科学家布朗利称："有趣的是，我们从这些来自太阳系最冷的地方的材料中发现了这些高温物质，真是不可思议，我们发现了冰与火。"科学家希望能够搞清楚这些物质的起源，为解开彗星起源之谜提供线索。

当"星尘号"飞船携带着彗星"维尔特2号"的样本即将返回地球时，一位65岁的华人科学家正期待着自己多年的梦想变成现实。

他就是邹哲博士，美国航空航天局喷气推进实验室资深研究员、"星尘号"项目的设计者和副首席科学家。

邹哲在1981年首次提出了这个构思，但直到1986年才被美国航空航天局接受，这已经是他的第13次提案了。

"哈雷"彗星的回归，使美国航空航天局开始重视彗星。当时不少科学家提出了研究计划，而邹哲的"星尘"计划因为构思巧妙、成本低廉而获得支持。

邹哲的方案胜在不登陆彗核就能捕获彗星的物质粒子样本，因为要登陆的话成本非常高。邹哲设想的飞船，能借助太阳和行星的引力与彗星近距离交会，取回样本后飞回地球。

旷世奇闻第一炮

在经历了两次被迫延迟后，美国航空航天局终于在 2005 年 1 月 12 日，把举世瞩目的"深度撞击号"彗星探测器发射上太空。

"深度撞击号"重 650 千克，大小像一部中型的面包车，它由母船"飞越舱"（即"深度撞击号"）与"撞击者"两部分组成，价值 3.3 亿美元。它将越过 4.3 亿千米的太空，奔向古老的"坦普尔 1 号"彗星。它在途中必将经受一场"枪林弹雨"般的考验——彗星物质将以每秒 28 千米的速度（这比手枪子弹还快 27 倍）袭击探测器。为此，科学家特地让"深度撞击号"披上了一件特殊的防弹神衣，它由 8 层"凯夫拉"防弹材料和 12 层"内克斯特尔"合成材料织成。

"深度撞击号"于当年的美国独立日（7 月 4 日）与彗星相会，那时彗星正运行到距离地球最近约 1.5 亿千米处。13 时 52 分，"深度撞击号"把所携带的那枚重 372 千克的"撞击者"，以每秒 10 千米的速度向彗核发出了一炮。"撞击者"主要由铜（49%）与铝（24%）制成，它只有一张茶几那么大，但表面布满了铜钉。之所以选用铜，是因为彗星中基本不含铜，这样人们就很容易区别出彗星释放出来的东西。这旷古以来的第一炮，其威力相当于 4.5 吨 TNT 炸药，人们看到了一场罕见的"太空焰火"。"撞击者"还携带有刻满全球 56 万天文爱好者名字的光盘，其中有上万名中国天文爱好者的名字，这张不同寻常的光盘有可能会随着铜弹而穿入彗星的内部，永久地留在彗星上。

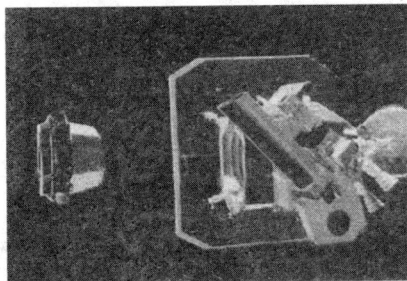

"深度撞击号"与它的铜炮弹

撞击后出现的"太空礼花"

为确保这一炮弹不虚发，除了对探测器进行反复测试外，科学家还专门挑选了6颗替代彗星随时待命。

第一炮是显示出人类远程精确打击的能力，这对于将来避免彗星、小行星撞击地球有重大的意义。对"坦普尔1号"彗星彗核进行的精细探测取得了重大发现。"坦普尔1号"彗星的彗核形状就像一个马铃薯，长约14千米，宽约4.8千米，与直径1万多千米的地球相比，像一个袖珍世界，但它上面同样有山脉、高原、平原、盆地。与地球不同的是，彗核表面散布着大大小小的环形山，有的直径超过1千米，估计是以前大约30层楼高的小行星猛烈撞击后留下的撞击坑。

原来天文学家预测彗核表面颜色相当黑，但从实际拍摄到的照片看，彗核主要呈现深灰色和灰黑色。令人感到意外的是，在彗核表面还发现有不少神秘的白色斑状物，其长度为20～500米，宽度为10～100米，表面光滑，反光能力强。最令人吃惊的是，彗核表面的尘埃十分厚。原来天文学家预测彗核表层主要是冰物质（水冰及二氧化碳冰、甲烷冰等），是一个冰封的世界，但在撞击后抛射的物质中并没有发现明显的水、二氧化碳、甲烷等物质，主要的抛射物质是比面粉还要细的尘埃物质。

在此次"深度撞击"中，大约有12名中国工程师正在不同的岗位努力工作着。

来自安徽合肥的中国工程师李荐扬主要负责的工作是汇合光度学分析，而他的导师是整个工程的总负责人，也是"深度撞击"的发起人迈克·赫恩。

李荐扬1999年留学美国，2005年7月从马里兰大学天文系毕业，他于2005年年初进入工作组。

来自广东开平的吴国兴工程师，很小的时候就随父母移民到了美国。在整个"深度撞击"项目中，他负责地面电脑控制。

二、太空漫步

达·芬奇的奇妙设想

世人谁不知道，达·芬奇是欧洲文艺复兴时期的著名画家，《最后的晚餐》和《蒙娜丽莎》是他亘古不朽的名作，但是很少有人知道，他还是航空事业的先驱。

达·芬奇自幼没有条件接受正规教育，但是他却在绘画方面取得了惊人的成就，在雕刻和音乐等方面也有很高的造诣。同时，他还酷爱自然科学，如数学、物理学、生物学和天文学等等。此外，他从童年开始就有一个特殊的兴趣，那就是研究鸟类的飞行，终其一生都没有放弃过，甚至写出了一篇名为《鸟的飞行方法》的论文。

在研究鸟儿振翅飞行的过程中，达·芬奇充分利用生物科学的知识，解剖过无数飞禽，从理论上计算出鸟身与双翼的比例关系，计算出不同鸟类的重力中心点。同时，他又对人体进行研究，还做过人体解剖。他大胆地设想，人如果要像鸟类一样在空中飞行，必须在人身上安上一个像鸟儿一样的飞翼。为此，他计算出了支持一个正常体重成人所需的翼面积，像鸟儿一样振翼时所需的臂力和腿力，还计算出体重与双翼升力的比例关系。

为了实现人类飞向天空的梦想，他从1486年开始先后设计出了好几种扑翼机。他设计的这些奇形怪状的扑翼机，都是让人俯卧在类似小舟的机身上，用手和脚像划船一样摇动扑翼，使之飞行。为了安全起见，他特别指

根据达·芬奇亲手设计的飞行器制作的模型

出："使用这种扑翼机必须是在湖泊的上空，身上必须带一个羊皮囊，以便落水时将人浮起。"这也是航空史上最早的关于救生设备的论述。令人遗憾的是，他的扑翼机研究只是停留在纸面上，因为当时他还没有认识到，仅仅用人的肌肉的力量，是不可能把人体带到空中去的。

达·芬奇还研究过螺旋桨理论，精心绘制出了关于垂直起落机的图纸，还设计出了一种大叶片的螺旋推进器。可以说，这种螺旋推进器就是当今直升机的雏形。

1503 年，达·芬奇参加一位贵族举行的婚礼，观看了一场滑翔飞行表演。表演者是一位名叫但蒂的数学家，他使用的滑翔机是他亲自设计制造的。那天，只见但蒂从一座高高的教堂顶上滑翔而下，姿势非常优美。不过，滑翔机降落时意外地碰上一幢楼房，但蒂因此丢掉了一条腿。受到这件事的启发，达·芬奇又着手研究滑翔机，他模仿蝙蝠设计并绘制出了好几种滑翔机的图样。他憧憬着有一天自己的滑翔机能够试飞。1505 年时，他还将费索尔地区的一个约 400 米高的山冈确定为试飞的地点。他在笔记本中这样写道："希望由此飞行，而赢得永久的光荣。"然而，这次飞行是否真的进行过，历史上没有留下任何文字记载。

达·芬奇这位旷世奇才在 1519 年逝世时曾立下遗嘱，将其毕生有关航空研究的笔记与设计方案，通通交给他的亲密朋友麦尔塞保管。麦尔塞忠心耿耿地执行了达·芬奇的委托，直至自己死去时也未公之于世。又过了 50 年，麦尔塞的儿子才将达·芬奇的这批资料贡献出来，这时已进入 17 世纪了。

倒霉的幸吉

日本宽政年间（1789 年—1800 年），备前国（冈山县）有一位名叫幸吉的裱糊匠，他虽然没有达·芬奇那么大的名声，但他也热衷于研究鸟儿飞行。为了能让人像鸟儿一样飞上天，他捉来鸽子，仔细测量它们的体重与翅膀大小的关系，计算出了人需要多大的翅膀才能飞上天。

有了数据后，他就用竹子和纸制成了一对大翅膀，绑在自己的身上开始练习飞行。他还真的飞起来了，正好被观赏樱花的人们看见了，以为来了腾云驾雾的妖怪，惊恐异常，纷纷逃散。当地的官吏以扰乱社会的罪名逮捕了幸吉，把他驱逐出境。这件事情被一位名叫收营茶山的日本人写进书中，只是写得不够详细，后人不清楚幸吉到底飞了多高，飞出多远。

热气球升空表演

18 世纪初，西方人根据热空气比冷空气轻的原理，把空气加热，充进气球中，使之得以升空。

1709 年 8 月 8 日，在葡萄牙国王的王宫里，一位名叫古斯芒的基督教牧师进行了一次热气球升空的表演。俄国人克拉库特诺得知这件事情，也想试一试。于是，在 1731 年的时候，他做了一个大大的热气球，用绳套把自己吊在气球上。当气球离开地面向空中升去时，他的身体也到了空中。开始时表演很成功，热气球飞得比桦树还高。可是接下来就出现了险情，由于不能控制气球的飞行方向，结果撞到了钟楼上，气球破了不说，人正巧被绳套缠住，吊在了钟楼上。克拉库特诺虽然没有摔死，却把他吓了一大跳。人们急忙赶上前来抢救，花费了好大的力气，总算把他给解救了下来。从这以后，在很长一段时间里，再也没有人敢做这种玩命的试验了，热气球也渐渐地被人们遗忘了。

载人热气球的第一次飞行

1783 年春天，法国造纸商蒙哥费尔兄弟偶然间发现碎纸屑在火炉中燃烧时会不断向上升，由此受到启发，就用纸袋把热气收集起来，而充进热气的纸袋真的随着气流飘然上升。随后，他们改进了制作方法，用纸和布为材料做成气球，再用纽扣把这些材料连接起来，然后在气球中充满热空气，使它的体积变得更大。他们用这种热气球在家乡做了一次飞行表演。看着这样一个大圆球居然能够晃晃荡荡地在空中飘来飘去，围观者们不禁发出一阵阵惊叹声。这件事情一传十，十传百，竟然传到了国王路易十六的耳朵里。

路易十六和他的王后对好玩的新奇东西有着强烈的兴趣，他们立即下令让蒙哥费尔兄弟到巴黎来表演给他们看。

1783 年 9 月 19 日这一天，在巴黎郊外的一个空地上围聚了成千上万好奇的观众，四周人山人海，挤得水泄不通，他们与国王和王后一样，都想看一看热气球是怎样升空的。

约瑟夫·米歇尔·蒙哥费尔

雅克·艾蒂安·蒙哥费尔

与上一次在家乡表演不同的是，这一次蒙哥费尔兄弟俩在气球下边吊上一只大篮子，里面有三位"乘客"：一只羊、一只鸡和一只鸭。在人们的惊呼声中，热气球慢慢悠悠地升上了天空，随着风力飞行了 8 分钟，历程 2 500 千米，然后安全地降回到地面上，大篮子里面的那三位"乘客"全都安然无恙。兄弟二人兴高采烈地当场宣布，下一次试验所载的乘客将是活生生的人。

路易十六为表彰蒙哥费尔两兄弟的功绩，特授予他们圣米歇尔勋章。蒙哥费尔兄弟再接再厉，又动手制造了一只高 22 米，直径达 15 米的大气球，上下长约 24 米，球体中间最宽处直径约 15 米，呈椭圆形。气球下方悬挂着一个金属火盆，环绕火盆的是用柳条编的吊篮。乘客就坐在吊篮里，需要不断向盆中添加燃料，以便随时产生足够的热空气。路易十六考虑到这个试验的危险性太大，就想让已被判处死刑的囚犯来充当乘客，并颁下谕旨，愿意乘坐气球的试验者，成功后即可恢复自由。这时候，一位勇敢的法国青年罗齐尔挺身而出，向国王禀道："载人热气球试验的成功会在科学史上留下光辉的一页，这是法兰西的荣誉，不能把人类第一次升空的荣誉让给一名罪犯。我本人愿意充当乘客，即使死去也在所不惜。"罗齐尔又找到他的一位好朋友

阿兰德斯，两个人决心同去冒险。国王被这两位青年的勇敢精神所感染，最终同意他们：二人乘热气球升空。

1783 年 11 月 21 日，人类第一次载人气球即将升空。这一惊人之举轰动了当时的巴黎，一时十室九空，人们一齐拥向巴黎城外的邦龙试验场。远远望去，只见一个黄蓝二色的巨大气球悬挂在两个桅杆之间，下面正燃着熊熊烈火。下午 1 时 45 分，路易十六一声令下，大炮发出巨响，立在气球下的蒙哥费尔兄弟挥舞大刀砍断缆索，气球冉冉地向空中

飘去。

　　根据记载，这个气球在空中飞行了 25 分钟，飞行高度约 900 米，最后在巴黎近郊的一块麦地里安全降落。罗齐尔和阿兰德斯二人从塌缩的球囊下爬出来，毫无损伤，两人彼此握手，互相道贺终于活着回来了，同时庆祝自己成为世界上第一次飞上天空的人。

　　载人气球升空试验成功后，载人气球飞行便在巴黎和其他欧洲大城市中盛行起来。作为飞上天空第一人之一的阿兰德斯对此却兴趣大减，从此不再参加这项试验，而他的朋友罗齐尔却乐此不疲，置未婚妻的苦苦哀求于不顾，继续进行飞行试验，他甚至立下雄心壮志，要横越英法海峡。

　　不幸的是，1785 年 6 月 15 日，罗齐尔在试用热气和氢气共同浮升气球时，气球起火坠毁，结果罗齐尔获得了航空史上的另一项第一——第一个死于航空器事故的人。

理查德·布兰森是一位英国富豪，他背插一对翅膀，
参加了在英国举办的飞人大赛。

杰克·查理研制氢气球

几乎是与蒙哥费尔兄弟同时，法国的物理学家杰克·查理也在研究气球，但他使用的方法和蒙哥费尔兄弟的方法完全不同。查理是优秀的物理学家，关于气体研究的查理定律就是他发明的。从 1782 年起，他就一直在进行研究，想要制造出使用氢气的气球。

喜欢新鲜玩意儿的巴黎市民，在蒙哥费尔兄弟进行载动物的气球试验之前，就纷纷埋怨他们俩的研究进度太慢，当他们听说查理正在研究一种新的气球，就迫不及待地采用民间集资的方式，募集了 10 000 法郎送给查理。在巴黎市民热情的支援下，查理的研究进行得很顺利，但是氢气很容易从纸袋中漏出去，意大利人卡巴洛就因为想不出解决办法而中止了这项研究。查理煞费苦心地寻找防止氢气从纸袋中漏出的方法，但效果很不理想。有一天，查理听说巴黎的工程师罗贝尔兄弟发明了把橡胶溶化涂在布上的方法，于是就登门找到罗贝尔兄弟，请求与他们合作。在罗贝尔兄弟的帮助下，查理在直径大约 4 米的气球表面涂上涂料，充进氢气。由于那时还不能够一次制造出大量的氢气，因此需要有一个装有水、铁和硫酸的桶，不断地制造氢气，再装进气球，有一次这个桶差一点儿发生爆炸。

1783 年 8 月 24 日，查理制作的氢气球充满了氢气，运到了维多利亚广场。在巴黎市民们仰望视线中，这个氢气球迅速地飞向天空，不到两分钟就进入了云层。遗憾的是，它很快就发生爆炸，坠落在附近的村子里，使当地农民大吃一惊。这次试验完全失败了，而就在 25 天后，蒙哥费尔兄弟成功地实现了热气球载人飞行。两相对比之下，路易十六站到了蒙哥费尔兄弟一边，支持他们继续搞研究，而对查理的研究置若罔闻。

然而，查理并没有因为这次失败而气馁，他决心不采用蒙哥费尔兄弟那样的危险作法，而去寻求安全可靠的控制气球的方法。他首先研究了氢气球爆炸的原因，发现这是因为气球升到高空，由于气压降低，氢气在气球内膨胀而造成的。于是，他在气球上安装了通气筒，以便气体过分膨胀时可以由此排放。另外，为了能控制好气球，他还给气球装了沙袋和气阀。气球没有升空前，装上许多沙袋；当气球准备上升时，就丢弃一些沙袋，以减轻气球的重量。相反，想要下降时，就打开气阀放掉氢气，减小浮力。为了便于着陆，查理还在气球上安装了着陆缆绳和锚。巴黎市民们得知查理又在制造新的气球，再次动员起来给他捐款。

1783 年 12 月 7 日，查理的新氢气球制成了。这一天，前来观看气球升空试验的巴黎市民竟达 40 万人之多，路易十六下令停止试验，理由是大量群众聚集在一起，一旦发生事故不好处理。但是，蜂拥而来的巴黎市民让国王的禁令成了一纸空文。

试验终于按时开始了。只见氢气球腾空而起，时而高高飞起，时而低空滑翔，然后又腾空而去，做完了各种飞行表演之后才安全降落。前来观看的市民们一个个兴高采烈，现场一片欢腾。路易十六不得不表扬查理，下令制造刻有查理和蒙哥费尔兄弟像的奖牌。

热气球走向现代

1785 年，法国人夏尔和美国人杰弗里斯在查理式气球上安装了舵，成功地飞越了多佛海峡。蒙哥费尔兄弟得知这个消息后。也决定用自己的气球横渡多佛海峡，可是他们制造的气球由于不能很好地控制，很难横渡海峡。无可奈何之下，他们决定使用查理式气球，但这样做又感到有些丢面子，便决定制造由氢气球和热气球组合的双层气球来横渡海峡。由于在明火旁边放置了氢气，气球在飞行途中起火，造成了两名驾驶员死亡的重大事故。从此，法国政府禁止制造蒙哥费尔兄弟式的气球。

自从热气球和氢气球问世后，欧洲人立刻注意到了它的价值，利用它们

1783 年 12 月 1 日，法国科学院夏尔教授与罗伯特乘氢气球起飞时的情景。

进行升空观光和做试验，还有人将它用于战争。

1809 年，奥地利人试图用热气球携带炸弹去轰炸威尼斯。他们在热气球上系上炸弹，想让气球随风飘向目的地，并按事先计算好的时间，让点燃的导火索在热气球到达目标上空时，把系炸弹的绳子烧断。不料，热气球升空后快速爬高，而高空风向与地面风向正好相反，结果热气球又飞了回来，炸弹落到了奥地利人自己的头上，闹出了一个笑话。

第二次世界大战后，随着高科技的应用，化学纤维的研发和丙烷气体的普及，热气球获得了迅速发展。由于热气球操作简单，安全可靠，很快便成为风靡全球的时尚运动。用于制造它们的材料已经发生了"本质"的变化。拿现代热气球来说，它的球皮不再用布或麻制成，而是用一些特殊的合成材料制成，不但能很好地吸收红外线和太阳光的热，而且又能防止球内热量向外传递。它的空气加热也不用燃烧干草和羊毛了，而是改用压力罐携带甲烷等可燃压缩气体。更重要的是，现代热气球可以控制飞行高度和方向，完成越洋跨海的壮举。同时它还装备了完善的安全保护设备。现在，人们除了用热气球进行实验和旅游观光以外，还用它们来进行高空探险活动。

自天而降的英雄

早在 17 世纪时，中国南方的一个杂技班子出国到暹罗（今泰国）演出，其中有一个引人注目的集体节目：一排演员每人拉着两把伞从高处往下跳，由于无法控制方向，有人落到地面上，有人落到树上，场面非常惊险有趣。这个表演给观看节目的一位法国商人留下了很深的印象，便把它写进了后来出版的《历史关系》一书中。

1783 年，一位名叫雷诺曼的法国科学家见到了《历史关系》这本书，读到了这段描写，不禁大感好奇，决定亲身试一试。他仿效中国的杂技演员，两手各执一把阳伞，从二层楼上跳下来，结果安全落地。雷诺曼得意地把自己的"壮举"告诉给亲朋好友，他的好朋友加内林知道了这件事后，产生了一个更加大胆的想法：让气球把人带到高空，再跳伞降落下来。当然，要想完成这样的壮举，靠普通的伞是做不到的。于是，他就仿照普通伞的样式制作了一把硕大的伞，也用肋状物撑开，在伞下系着一个小吊篮。他将站在吊篮里往下降，因为他清楚地知道，在高空中，他的两只胳臂是无力抓住这样一顶大伞的。

1797 年 10 月 22 日，一只氢气球将加内林带到了巴黎现在的莱蒙公园上空 800 米处。加内林一拉系

在气球上的释放绳，他和降落伞便离开了氢气球。伞盖被强烈的气流吹得鼓胀起来，带着加内林站立的吊篮缓缓下降。至少有数万人在现场观看了加内林的壮举，热烈地欢呼他开创了人类自天而降的历史。不过，此时站在吊篮里的加内林全无成功的喜悦。由于降落伞中心没有排气孔，鼓足了的空气只能从伞侧逸出。把大伞弄得晃来荡去，摇摆得很厉害。毫无思想准备的加内林觉得自己的五脏六腑都移了位，简直痛不欲生。等落到地面时，他趴在吊篮口上不断地呕吐，已经快失去知觉了，根本不可能接受蜂拥而上的人们的祝贺。

后来居上的美国人

19世纪时，跳伞几乎成了航空表演中一个不可缺少的节目，放飞气球时，气球下常常带有一个吊架，降落伞松弛地系在吊架上，跳伞者坐着被绑在吊架上。等到气球升到高空以后，跳伞者便解开降落伞，跳下吊架。此时的降落伞已经有了很大改进，顶部开了导流孔，能够控制方向，着陆比较准确。

飞机发明以后，很快又出现了飞机跳伞。大约因为飞机是美国人发明的缘故，降落伞发展史上的那些大事大都发生在美国。1912年3月1日，贝里上尉首次使用固定开伞索在美国的圣路易斯从一架双翼飞机上跳下来。1912年秋天，美国的F·R·劳第一次使用自由开伞索，从飞机上跳下来，他使用的是史蒂文斯发明的"救生降落伞包"。这时的跳伞不再仅仅是一种表演，而是成了飞行中的一种人身保护装置。1919年4月19日，欧文首次使用带有开伞索的降落伞在美国跳伞。至此，降落伞基本定型，欧文的降落伞就是现代降落伞的雏形。

罗伯特兄弟的"飞鱼"

1784 年 7 月 6 日中午，在法国巴黎的近郊，人们三三两两神情紧张地聚在一起，时而仰望天上，时而又蒙起眼睛。他们在干什么呢？原来，他们正在观看天上出现的一个奇异景象：一条大"飞鱼"正在空中浮沉。

这是法国的罗伯特兄弟正在进行飞行试验，那条"飞鱼"就是一个大气球。在此之前，蒙哥费尔兄弟已经成功地完成了载人气球飞行，但是他们的气球有个致命的缺点，那就是不能控制飞行方向，作为游戏或表演还是挺精彩的。要想利用它进行空中的交通运输就不行了。于是，罗伯特兄弟就萌生了这样一个念头：在气球上配备推进器材，使它能够定向飞行。他们认为，气球在大气中沉浮和鱼儿在水中游弋的原理是一样的，便把自己的气球做成水滴形的，长有 16 米，直径 10 米，气囊容积 940 立方米，充满氢气后可以带着数百千克的重物升上天去。

第一次试飞开始了，气囊里充进氢气后，鱼形的大气球便顺利上升了。吊篮里的七个人用力划着木框上蒙着绸布做成的大桨，控制着气球的航行，这条巨型"飞鱼"居然能够笨拙地在空中转向。然而，还未等他们发出欢呼，罗伯特兄弟就发现事情有点不太妙了——气球一直在缓缓上升，气囊逐渐胀大起来，马上就要爆炸了！原来，气球越向

2007 年 7 月 29 日，第 10 届法国洛林国际热气球开幕。热气球表演各比赛在法国一直受到普遍欢迎。

上升，大气压强越低，外边大气压变小，氢气球体积不断膨胀。一旦气球胀破了，这些试飞者的命运不堪设想。情急之下。大罗伯特抓起一把匕首，冒着极大的危险，攀上吊绳、用力刺破气囊。随着长长的"刺刺"声，氢气泄了出来，气球终于安全地降落了下来。

　　两个月后，罗伯特兄弟驾驶着装有放气阀门的气球升上天空。这次，他们连续飞行了7个小时，按照原计划着陆。罗伯特兄弟制造的这种可以操纵方向的气球，便是飞艇。他们设计的飞艇外形很合理，符合空气动力学的原则，以后人们制造的飞艇基本上都采用了这种外形。

第一次北极探险飞行

瑞典人奥古斯特·安德烈一生以事业为重，从未结过婚。1875年他在斯德哥尔摩皇家理工学院毕业后，第二年到美国费城参观了为庆祝美国独立100周年而举行的科技展览会，对气球飞行产生了兴趣，逐渐萌生了去北极探险的愿望。回到祖国后，他在一家公司任机械工程师，业余时间便全身心地研究气球飞行。他与一位挪威人合作，在1892年进行了第一次气球飞行。之后，在新闻界和社会各界的鼓励下。瑞典一家报纸又在经济上予以资助，他终于制造出了自己的气球，取名"斯薇"。安德烈经常驾着"斯薇"去旅行，曾经飞到芬兰北部。1895年，身为瑞典专利局首席工程师的安德烈，郑重地向瑞典科学院提出了使用气球去北极探险的飞行计划。

当时的欧洲人普遍认为，去斯堪的纳维亚以北的地方，那是不可想象的事情，无异于自寻绝路。为了研究这一行动的可能性，瑞典科学院先后召开了好几次论证会和答辩会。最后总算批准了这一计划，并拨给了经费。瑞典国王奥斯卡得知这一情况后，也表示热烈支持。

出发前。安德烈做了认真而细致的准备。他选择了两名志愿探险队员，

一位是 24 岁的职业摄影师斯芬伯格，另一位是 26 岁的业余气球飞行员和登山运动员弗兰克尔。

1897 年 5 月 18 日这一天，安德烈他们三个人乘船首先到达距离北极点约 1 200 千米的斯匹次卑尔根群岛，在那里建立了一个没有房顶的气球房，等待着老天爷刮来南风。这一等就是一个多月。

安德烈为此行而设计和制作的探险气球，从顶至底高约 30 米，用丝绸密缝而成，内外都涂满涂料，以防漏气。吊篮用柳条编成，内放三个人的床位，周围有护板可挡风雨。在气球与吊篮之间安放着救生设备，包括三辆雪橇、一艘油布船，还有帐篷、粮食等，估计足供三个人两年之需。为了更可靠地操纵气球，安德烈在气囊与吊篮之间架设了一根横的帆桁，上挂三张风帆，借助风力可以变换航向。他还准备了三条大麻绳，每条长近 3 000 米，它可以拖在冰面上，以增加气球飞行时的横向阻力。酒精炉挂在吊篮下，既能热饭，又不至于把氢气点燃。

7 月 11 日这一天。安德烈他们三人的北极探险行动正式开始了。高耸庞大的气球从开顶的气球房里冒了出来，安德烈他们三个人站在大气球下边悬挂着的吊篮里边，向周围前来欢送和围观的人们不停地挥手。气球越飞越高，越飞越远，渐渐地离开了人们的视线。

一年过去了，十年过去了，二十年、三十年也都过去了，人们始终没有得到安德烈他们三个人的任何消息。

33 年后，一艘挪威捕海豹船在冰雪中偶然发现了安德烈他们当年最后宿营的帐篷，从找到的日记中，人们才知道了他们这次探险的过程和结局。

原来，安德烈他们乘坐的气球升起来后不久，就开始缓缓下降，不知是下降气流的影响，还是那三根长绳把气球拖住了，吊篮像蜻蜓点水一般在冰面上颠簸前进。后来，气球上升到约 500 米的高度，但那三条大绳却自行旋松接头，掉了下去。这样，气球在空中只能全靠风力吹送，起初向北，继而向西，直奔格陵兰岛，然后又向东北飞去。由于雾气和结冰的影响，气球有时落到冰面上；有时云雾较小，气球又上升一点。更为严重的是气球不断漏气，到了 7 月 14 日早上，即使抛掉了所有能够丢掉的物资，气球仍然在冰上落了下来，瘫成了一张皮。他们只飞行了三天，探险便告结束。

气球落地后，他们利用雪橇一步一步地朝南走，好不容易坚持到 1 月 17 日，斯芬伯格因衰竭而死亡，尚余游丝之气的另外两个人就地将他埋葬了。几天之后，弗兰克尔爬进睡袋后再也没有出来。百折不挠的安德烈继续向前走，最后身靠一座岩石而亡。他们在冰雪中大约走了 320 千米的路程。

根据他们留下的日记推断，他们三个人曾飞到北纬 82 度 55 分左右的地方，这里离北级约 600 千米，离他们的出发地已有约 550 千米之遥。在当时条件下，即使知道他们身在何处，也无力展开救援行动。

这次北极探险飞行虽然失败了，却为后人提供了宝贵的经验。他们勇于探索的精神，也在人类航空史上留下了光辉的一页。

空气动力学之父

乔治·凯利于 1773 年 12 月 27 日出生在英国的斯卡波诺城。小时候，父亲给凯利请来一位家庭教师，就是当时著名的数学家乔治·瓦克，凯利从他那里学到了很多自然科学方面的知识。瓦克非常欣赏聪敏好学的凯利，后来还把自己的女儿莎娜许配给了他。

凯利 10 岁那年，听说法国人完成了第一次载人气球飞行，开始对航空产生了兴趣和向往。1792 年，他使用竹蜻蜓这种中国玩具做了一连串试验，还自己动手用铁皮制作了一个"中国陀螺"，用力抽绳子使它快速盘旋上升，竟能到达 27 米的高处。1804 年，他写出了自己的第一篇有关人类飞行原理的论文。同年，凯利做了一只外形颇像大鸟的风筝，他在这只风筝下面装了一个吊舱，让人坐在吊舱里，然后赶着马车拉着这只风筝向前跑，结果风筝离开地面飞了好长一段距离。

1809 年，凯利在《尼古逊自然哲学杂志》上发表了题为《论空中航行》的论文，很快就引起轰动，在西方世界被整整翻印转载了 100 年。在这篇论文中，凯利认为，人类多年来希望模仿鸟类振翼而飞的老观念必须抛弃，制造固定翼飞机完全是可能的。他详尽地描述了现代飞机的轮廓，为后来的空气动力学奠定了基础。关于机翼，他认为应

乔治·凯利

该在设计翼面时取一点点角度，这样就能获得适当的稳定性，这就是现代飞机的上反角。他还提出机尾必须要有垂直和水平的舵面，这同现代飞机完全相同。他认为飞行器必须是流线型的，根据他的计算，如能减少1千克重的阻力，便可以在不增加马力的情况下，增加66千克的载重能力。他还讨论过速度与升力的

乔治·凯利设计的滑翔机草图

关系、翼负荷、如何减轻飞行器的重量，甚至以内燃机做动力等问题。为了证实这些原理，他曾经造了一架不载人的滑翔机来做试验。

在凯利生活的时代里，人类只能用笨重的蒸汽机提供动力，如何解决飞行器的动力问题就成了最让人头痛的事情。凯利曾经努力尝试制造一种轻巧的蒸汽机来带动飞行器，但是没有成功。为此，他痛心地写道："我的发明唯一还无法解决的，就是一个动力问题。我深信不疑，这项崇高而宝贵的技术，在不久的将来一定会成功。飞行器的速度将达到每小时40～160千米，人们利用它来运送人员、商品、财物，远比水上航行更为安全。"

1837年，凯利在《机械工程》杂志上发表了另一篇有关航空的文章，重述了他早年的理想并倡导人们做更多的试验。到了1848年，凯利已年届75岁高龄，眼看着轻重量发动机的问世遥遥无期，迫不及待的他决心继续进行无动力的滑翔机试验。1849年，他制造出了一架三翼滑翔机，驾驶员坐在一只篮子中。他在笔记中这样写道："机上坐一个10岁男孩，从上至下飞行了几码的距离；如果人力迎着微风牵动起飞，也可飘行同样距离。"他没有说明这名男孩是谁，但这无疑是人类有史以来第一次载人滑翔机飞行。

1853年，凯利写了一篇描述无人驾驶滑翔机飞行的文章送到法国航空学会，题目是《改良型1853年有舵滑翔机》。就在这一年，凯利在约克郡又进行了一项飞行试验。这次用的飞行器与他1804年所使用的风筝外形接近，但是没有了拉动的绳子。试验开始后，只见一位勇敢的年轻人带着这只大风筝

现代滑翔机

从平缓的山坡上奔跑下来，然后在一块突出的岩石上腾空飞起。越过溪谷到达对面的山坡上。虽然有人指出，凯利研制的这个"没有线的风筝"，安装的都是活动的"扑翼"，它们操作复杂，飞行效果并不理想。但是，它无疑是人类最初的滑翔机。

1853 年，凯利还制造出了一架比 1849 年的那架还重的滑翔机，并带有刹车装置。这次试验，他让自己的马车夫坐在驾驶座上。究竟飞了多远距离，凯利没有留下文字记载，但是据曾经目击过这次飞行的凯利的孙女儿说，飞行距离大约有 450 多米。试验结束后，那位姓氏不详的马车夫心惊胆战地对凯利说："求求您，老爷，我希望您还记得，小人是受雇来驾马车的，不是来飞行的。"

凯利不仅仅对航空有兴趣，他还为英国海军设计出了大炮的炮弹，在拿破仑战争时期大显威风。他在 1807 年发明并获专利的热力发动机，为工业界所广泛运用。他在 1825 年设计的一种装辐条的车轮用于滑翔机上，这一发明至今仍为自行车所采用。此外，他还发明过自动铁道刹车装置，并且在声学、光学、电学以及下水道工程等方面，做出了不少有价值的贡献。

1858 年，84 岁的凯利在妻子莎娜的泪水中离开了人世。他在去世前不久，曾在一个笔记本上写下了这样一行字："给你，查看笔记的朋友！我已去了，愿你在这些涂鸦中寻找出智慧的花种。"

有趣的是，1971 年，英国飞行员泼劳中校完全依照凯利遗留下来的笔记，造出了一架与当年完全一样的滑翔机，飞得十分成功，这完全证明了 118 年前凯利的设计是如何的了不起。

真正成熟的滑翔机

世界航空界的业内人士有一个共识，人类有史以来真正的成熟的滑翔机，是由德国的李林塔尔兄弟发明的。

李林塔尔兄弟出生在德国北部麦伦堡省的一个纺织品商人的家庭里，他们从小就对鸟儿的飞行感兴趣，幻想着有一天能真的飞上天去。早在中学时代，他们就对凯利设计的滑翔机产生了浓厚的兴趣。经过长期的思考，他们认为人要想在空中飞行，像鸟儿一样拍打着翅膀那是行不通的，而像鸟儿那样停止拍打翅膀静静滑翔，也许是可行的。

这是 1861 年夏天的一个漆黑无月的夜晚，李林塔尔兄弟偷偷地从家中跑出来，站在一个阅兵台上，用劲振动缚在双臂上的用薄板做的翅膀，并拼命奔跑，想要飞起来。原来，他们兄弟俩害怕同学们嘲笑，这才趁天黑出来练习飞行。

这一年，他们俩分别只有 13 岁和 12 岁，但是他们俩已经制作出了许多小的飞行器模型，还自制过一架滑翔机，在自家房屋后面的土坡上进行实际操作。最远的一次，哥哥奥图飞过了 100 米的距离。

奥图长大后，成为柏林市一位有名的机械工程师，他设计过蒸汽锅炉、采煤机和采石机，多次获得政府的奖励。尽管这样，他的最大兴趣仍然是飞行，为了能像鸟儿那样飞行，他几乎耗去了全部工余时间和节余的金钱。他经常和弟弟研

奥图尔·李林塔尔

究多种不同鸟类的翅膀结构和飞翔方法，特别注意其翼展面积和对升力的影响。他们特别注意海鸥的飞翔，集中精力研究鸥翼，并深信人类的飞行必须以扑翼动作来维持。他和弟弟古斯塔夫的滑翔飞行练习从来没有中断过。

1889 年，奥图发表了人类航空史上的经典著作《作为航空基础的鸟类飞行》。两年后，他们又制造出了世界上第一架采用固定翼的滑翔飞机，全部重量约 20 千克，两个翅膀的长度为 7 米，用竹子和藤做成骨架，在骨架上缝着布，人的头部和双肩可以从两翅之间进入。后部还装有尾翼，看起来很像蝙蝠展开的双翼。奥图把自己吊在这副翅膀上，从 15 米高的山冈上跳起，滑翔机在风力作用下轻轻地飘在空中，在 300 米外安全降落。从此，他有了"蝙蝠飞行家"的雅称。

从 1893 年到 1896 年间，李林塔尔兄弟在一座名叫里诺韦的小山上先后进行了 2000 多次滑翔飞行，距离最长的一次达到了 350 米，高度最高曾经达到了 30 多米。他们在多次飞行中研究了升力和风速、倾角的关系，积累了许多数据，同时还建立起了空气动力试验室，摸索飞行的规律，使得他们制作的滑翔机性能越来越好。起初，他们制作的是单翼机，后来采用双翼机，以获得更大的升空力。李林塔尔兄弟俩在这期间共同造出了 8 种型号的滑翔机，大多采用扑翼机械，以柳木作支架，用竹片或藤条支起布匹，蒙在滑翔机上。

李林塔尔兄弟在试验中认识到，应该进行三项改进：第一是在飞行中使机身平稳不摇摆；第二是为了改变方向，需要安装舵；第三是要安装动力，即使没有迎面风也能飞行。为了保持飞行时机身的稳定，他们采用了各种力学知识，获得了相当良好的效果。在动力方面，由于那时已发明出了内燃机，他们在滑翔机上安装了 2.5 马力的发动机。至于舵的问题，他们决定在制成带发动机的飞机以前，先在滑翔机上装上舵，搞一下试验。

1896 年 8 月 9 日这天，风比任何一次试验时都要大，年已 48 岁的奥图又一次登上里诺韦山。这一次他要对装了舵的滑翔机进行试验。他像往常一样，抓住滑翔机向山坡下奔去，然后腾空而起。渐渐地，他随着一股上升气流飞到离地面 20 多米的空中。奥图沉着冷静地顺风使舵，突然感到滑翔机翅膀扭动了一下，"不好，有旋涡气流！"还没有等他将滑翔机调整好，又一阵狂风从侧面吹来，滑翔机失去了控制，转眼之间翅膀折断，结果连人带机摔了下来。第二天，躺在柏林一所医院里的奥图对泣不成声的弟弟留下了这样的遗言："如果没有牺牲，任何事情都不会成功。"说完他就离开了人世。

奥图牺牲的消息震动了世界。固然有人因此而畏惧、悲观，但是也有人因此而受到激励，他们继续奋不顾身地进行研究，取得了辉煌的成就，直至发明出带有动力的飞机。

滑翔机进入黄金时代

英国人皮尔彻是李林塔尔兄弟的得意门生，他继承了老师奥图的事业，驾驶着一架安装了降落用车轮的滑翔机，滑翔了 250 米的距离，成功地飞越山谷。同时，他还制成了带发动机的飞机，但是在 1899 年进行的一次试验中由于发生事故，他不幸遇难。

李林塔尔兄弟的另外一位弟子赫林刻苦地研究滑翔机，也取得了突破性的进展，被美国的滑翔机研究家夏纽特邀请到美国进行合作研究。在奥图逝世的当年，他们首次制成的滑翔机在密执安湖畔顺利起飞。这架滑翔机和李林塔尔设计的滑翔机样式相同，后来经过不断的改进，制成了带有上下复翼和水平尾翼、垂直尾翼的滑翔机。这种样式成了后来飞机的原型。

滑翔机的黄金时代出现在 20 世纪的两次世界大战之间。第一次世界大战结束以后，由于《凡尔赛和约》禁止德国制造大型飞机，德国人便充分利用自己在运动学和空气动力学研究上的优势，大力发展滑翔机，使滑翔机技术有了很大的提高。从 1928 年到 1929 年，他们开始利用积云和上升气流，

拉长了在空中滑翔的时间。在第二次世界大战中，德国建立了利用大型滑翔机运载士兵和物资的特种部队，一时间相当活跃。

　　吉法尔的飞艇沿用了热气球的结构形式，在飞艇技术上采用所谓"软式结构"，即采用一个气囊，内部充入轻于空气的气体，使之达到一定压力，这样气囊就可以产生一定的浮力，同时保持一定的形状。这种软式结构保留了气球结构简单性的优点，但承担重量的能力很有限。

世界上第一架飞艇

现代飞艇

热气球发明后，给人们带来了很多惊喜，但它的飞行要依靠风力，并且难以按照人们的意志去控制飞行。到了19世纪，人们开始尝试在气球上安装"舵"和"帆"，并在下面系上雪茄形小船，进行飞行试验。人们将这种航空器称为飞艇。驾驶飞艇可以在一定程度上控制方向，但是由于飞艇没有动力，速度问题还得不到解决。

随着蒸汽机、电动机的出现，尤其是1885年德国人卡尔·本茨和戈特利布·戴姆勒发明了实用的汽油发动机以后，一种新式的飞行器应运而生了，它就是飞艇。飞艇靠充气产生升力，由发动机推进，靠操纵系统控制，可以向任意方向飞行。

世界第一艘接近实用可操纵的飞艇，是法国的发明家亨利·吉法尔于1851年制造成功的。这艘飞艇长44米，直径12米，体积为2 499立方米。它由50马力的蒸汽机缓慢地带动一个直径3米多的三叶螺旋桨驱动，飞艇艇囊的外形好似一支"雪茄烟"。

1852年9月24日，在巴黎郊区的竞技场上，吉法尔把氢气充入艇囊，驾驶着这艘飞艇，以每小时10千米的速度在空中连续飞行了两个多小时，由巴黎飞到了特拉普。可惜的是，这艘飞艇的导向装置不大理想，所以在结束飞行时，居然不听人的指挥，落到了一个牧场里，压死了八头奶牛。

吉法尔的这次飞行虽然未能返回原地点，却创造了世界上第一次飞艇飞行的纪录。在这以后，人们不断对飞艇进行改进，使它成为一种空中交通工具。

飞艇发展的黄金年代

在飞艇的发展历史上，19 世纪 50 年代到 20 世纪 30 年代是它的黄金年代。那时，飞艇作为交通工具来往于欧洲、美洲和亚洲之间，迅速舒适地运送着旅客，创造了许多纪录。就是在飞机问世以后，飞艇由于具有结构简单、操纵方便、载重量大等优点，仍然在空中交通中占有一席之地。

19 世纪末，内燃机和电动机的研究进展很快，德国、法国和奥地利都开始研究在气球上安装发动机和电动机，作为飞艇的动力。法国人主要研制使用布袋的软式飞艇。一位叫圣西门的法国人从 1899 年到 1907 年不断地制造出软式飞艇，而鲁保迪兄弟则是制造飞艇的"大户"，他们俩在 1900 年制造出的飞艇，安装了 40 马力的发动机，最高时速达 40 千米。后来，他们俩还制造出了装有 100 马力发动机的飞艇。

德国人和奥地利人则热心研制硬式飞艇。一位叫施瓦茨的奥地利人在 1879 年用铝薄板制造出了一艘硬式飞艇，使用的是戴姆勒发明的内燃机，以每小时 25 千米的速度飞行。但是，因为机身漏气，这艘飞艇没飞出多远就坠毁了。

1917 年，德国人曾经使用飞艇向非洲运送药品，往返 13 000 多千米。它的这种远航能力和载重本领，令当时的人啧啧称奇。

1919 年，英国人制造的 "R－4" 飞艇首次飞越航程 5 800 千米的大西洋获得成功。1929 年，德国人造出了一艘超大型飞艇 "齐伯林伯爵"号，艇身长达 235 米，装有

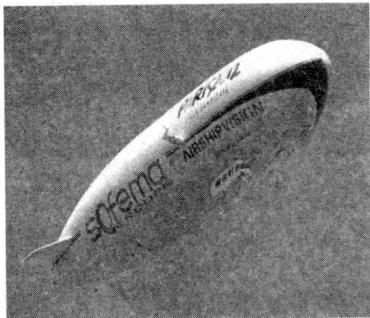

硬式飞艇

软式飞艇

五台550马力的发动机。它载着65名乘客从美国东海岸的赫斯特湖机场出发，用21天7.5个小时绕世界一周，实际飞行时间为286小时，平均时速110千米。值得称道的是，这架飞艇连续运行了7年，从未发生过事故。1933年，美国人制造出了长度近240米的充氢气飞艇"马可"号，它的直径为40米，装有八台发动机，腹部舱内可藏五架飞机，被称为"空中航空母舰"。

飞艇的"末日"

就在飞艇进入它的黄金年代时，一连串灾难性事故阻止了它的进一步发展。1921 年，美国的"R-38"号飞艇在一次飞行中艇身突然着火，44 名乘员包括该飞艇的设计师一起遇难。1923 年，法国的"底斯米特"号飞艇在飞行时遭遇暴雨的袭击，结果雷电引起艇内氢气爆炸，使得 52 名乘员全部死亡。那时的飞艇充的都是氢气，氢气易燃易爆，有时在高空中遇到雷电风暴也会起火爆炸。类似的事故发生很多起后，再也没有人敢轻易问津飞艇了，世界各国也不再使用飞艇作为商业飞行的工具。随着造价低廉、运载便捷、安全性能好的飞机的出现，导致飞艇在一段时间完全被排挤出局，轻于空气的航空器时代就此基本结束，天空几乎成了飞机的一统天下。后来，美国人

AU-30 飞艇是俄罗斯最大的新一代飞艇，也是世界上最大的飞艇之一。

曾经制造出使用氦气的飞艇，仍然是回天无力，没过多久就宣布停止使用飞艇。不过，到了第二次世界大战期间，美国人又在东西海岸等地装备了168艘飞艇，用来给舰队护航，这些飞艇主要使用的是氦气。

就在飞艇消沉了几十年后，到了20世纪70年代，飞艇似乎又有了"复苏"的迹象。1972年和1973年，在联邦德国召开了再造飞艇国际会议。从1975年开始。美国航空与航天学会每两年就召开一次国际性会议，研究轻航空技术的发展。应该承认，飞艇本身具有一定的独特性能和用途，正因为如此，如今大多数发达国家才再度对飞艇技术产生了浓厚的兴趣。

空中"巨鲸"

1936年3月24日，德国人历时4年零5个月制造出了"兴登堡"号飞艇，耗资360万美元。在当时，"兴登堡"号飞艇堪称奇迹，它的诞生也标志着飞艇制造业上了一个新台阶。

"兴登堡"号飞艇的艇身长245米，高44.8米，最大直径41.4米，总重量为230吨，载重量为19.06吨，气囊总体积达20万立方米，装有4台1 100马力的柴油发动机，巡航速度达到每小时121千米，续航时间可达200小时。"兴登堡"号飞艇下面的吊厢可载72名旅客，设有豪华的单人和双人舱室，舱室里有可供应冷热水的浴室，有一个大餐厅和一个图书厅。吊厢两侧还有走廊，旅客们可以像在海船的甲板上那样散步，隔着玻璃窗观看天上人间美景。

"兴登堡"号飞艇试航成功后，随即投入民航运营。德国人主要用它从事横跨大西洋的商业飞行，先后共飞行了63次。可惜的是，它在天上只神气了一年多，就大难临头了。

那是1937年5月3日20时15分，载着36名乘客和22名机组人员的"兴登堡"号，在地面一束束探照灯光的照耀下，从德国法兰克福的莱缅机场起飞，按计划向西北经过荷兰、英吉利海峡，转入浩瀚的大西洋，最后抵达美国新泽西州的赫斯特湖海军机场。这次航程从

"兴登堡"号飞艇模型与"兴登堡"号飞艇

一开始就不顺利，起飞时天上下着小雨，到了大西洋上空又遭遇逆风，使得"兴登堡"号延迟了 12 个小时才抵达目的地。

5 月 6 日 18 时 15 分，"兴登堡"号飞艇开始向地面高约 22 米的系留塔靠近。21 分时，飞艇头部的系留绳抛下来。25 分时，地面上的人发现飞艇起火了。只过了 32 秒钟的工夫，飞艇的气囊就烧光了，烧得发红的铝质框架纷纷坠落到地面上。机场上的 90 名工作人员和 100 多名迎接的亲友和准备进行采访的记者，一个个吓得目瞪口呆。

一位名叫摩里森的芝加哥广播电台播音员，就是现场的目击者之一。当时，他正在录制准备在日后广播时用的唱片。正当他平静地报道着"兴登堡"号平安抵达的消息时，突然看见一个恐怖而令人悲痛的情景，他不禁地发出了一连串歇斯底里般的叫嚷："……燃起来了……录下来……查理……录下来……让开让开……帮帮忙，各位……啊，老天爷，太可怕了！啊，我的妈……大家让一让……在烧呀！燃烧着从系留塔上坠下来了……亲爱的听众，真是世界上最大的灾祸呀！……骇人的景象……老天行行好吧……那么多的乘客……"

这场事故造成 36 名乘客和 22 名机组人员不幸丧生，1 名机场上的地勤工作人员被掉下来的艇架烧死。

事故发生后，美、德两国立即组织了三个调查委员会调查这次空难的原因，最后得出了统一的结论：艇尾气囊中的氢气外泄，遇上飞艇上的电晕放电而引起火灾，这是事故发生的根源，可以排除人为破坏的可能性。

创造神话的齐伯林

距离德国边陲城市弗赖堡西南部大约 100 千米处，有一座名叫康斯坦茨的小城。这里山峦起伏，德国境内最大的内陆湖博登湖就坐落这里。相传公元 4 世纪时，古罗马皇帝康斯坦茨在博登湖西面的莱茵河入口地区，建起了一个要塞，康斯坦茨城便由此而得名。

1838 年 7 月 8 日，这里的一户贵族家庭里诞生了一个名叫菲迪南德·齐伯林的小男孩。他从小接受私人教师的教育，对新事物表现出了极大的兴趣。17 岁时，他进入了路德维希堡陆军学校学习。

1863 年 2 月，齐伯林前往美国，以美国北方联盟军事观察员的身份，密切观察当时正在进行的南北战争。在此期间，他在明尼苏达州的圣保罗，完成了一次绳索式热气球的升空。所谓绳索式，就是在热气球的下端用一条长长的绳索将其固定在地面。尽管用这种方法乘坐热气球不能尽兴，却让年轻的齐伯林头一次升到了 700 米空中，那如同鸟儿空中翱翔的体验和极目千里的美妙感觉，给他留下了极其深刻的印象。

1870 年，普鲁士与法国开战，齐伯林仍然担任观察员。在巴黎被困期间，他发现法国人利用热气球对德军阵地进行军事侦察，还可以借此保持与后方之间的联络。齐伯林觉得热气球在军事上的用途不可估量，同时他也发现热气球尚需改进的

菲迪南德·齐伯林

181

"齐伯林" 1 号飞艇

地方还有不少，比如它的软式结构就是一个问题。

1874 年 4 月 25 日，齐伯林第一次在日记中写下了他要建造硬式飞艇的构思。但是，这个构思的实施却是在 16 年后开始的。那时候，齐伯林已经 52 岁，以陆军中将的身份解甲归田，立即投入到了对于飞艇的研究中。制造飞艇的灵感最初来自于他的一位朋友。当时德国的铁路还不发达，这位朋友一直在考虑如何用其他方式加快邮寄速度。于是，齐伯林打算帮助他设计一个空中货车。早期的热气球只能随风飘移，不能由人控制方向，而齐伯林设计的空中货车既可以由人驾驶，又可以改变飞行方向，还可以随意装卸货物。

齐伯林向大学的教授们说了自己的想法，却遭到众口一词的否定，特别是听说齐伯林要制造 28 米的大飞艇计划，教授们都认为那是根本行不通的。但是，齐伯林的决心毫不动摇，对自己的空中货车设计方案不断进行修改和完善，终于在 1894 年得到了"可转向飞行器"的生产专利。遗憾的是，就在这一年，威廉二世皇帝委托的评议委员会否决了飞艇的项目，只有德国工程师协会中的一个评定委员会在 1896 年对齐伯林的飞艇项目给予了肯定。

为了能让自己的构思变成现实，齐伯林义无反顾地办起了工厂，从 1899 年 7 月 8 日开始建造他的第一艘空中飞艇"齐伯林 1 号"。这是一条铝构架的篮子形状的硬式飞艇，铝构架上包着棉布，构架里面放着 16 个氢气袋，氢气袋由衬有橡胶的布制成。还装有 16 马力的汽油发动机，用来推动铝制螺旋桨。

1900 年 7 月 2 日，这是博登湖畔居民感到荣耀的日子。就在这一天的傍晚时分，"齐伯林 1 号"在 62 岁的齐伯林和他的同事们的操纵下，从湖面上缓缓地升起来了。这是一条 128 米长的巨型"雪茄"，它以时速 30 千米的速度飘移游荡了 20 分钟后，平安地降落在博登湖上。消息传出后，整个德国为之沸腾。齐伯林一下子成为德意志民族的英雄，成为一位创造神话的传奇人物。

在这次成功飞行的鼓舞下，齐伯林在 1905 年完成了"齐伯林 2 号"，在 1906 年完成了"齐伯林 3 号"，又在 1908 年完成了"齐伯林 4 号"等飞艇的试制工作。在此期间，齐伯林也遇到了许多麻烦，如"齐伯林 2 号"在暴风雨袭击下被打得支离破碎；"齐伯林 4 号"在飞行途中发动机发生故障，紧急降落时又被风吹到高空，突然起火爆炸。然而。德国广大民众已经认识到了飞艇的实用价值，他们纷纷给齐伯林寄来了热情洋溢的慰问信和捐款，使得年逾七十的齐伯林经受住了失败的打击，保持着一往无前的旺盛斗志。

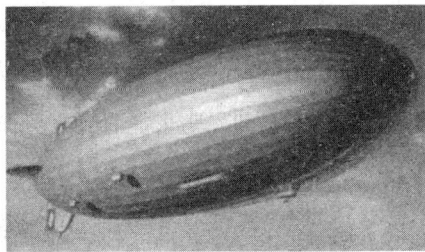

1908 年 9 月 8 日，齐伯林用筹集到的 600 万马克资助款，成立了世界上的第一家飞艇公司——齐伯林飞艇公司。这家公司很快就得到了政府的资助，到了 1909 年又成立了德国航空运输有限公司，飞艇的研究有了比较可靠的财政保障。1910 年，法国人利用齐伯林式飞艇建立起了定期空中航线。1911 年制成的"齐伯林 7 号"装有 420 马力的发动机，时速达到了惊人的 58 千米，"齐伯林"飞艇由此进入了它的鼎盛时期。

有资料显示，截至 1914 年 7 月第一次世界大战爆发，齐伯林飞艇有限公司生产的飞艇一共进行了 1 588 次飞行，总计飞行 3 175 小时，行程 182 525 千米，运送旅客 34 028 人次。

　　在第一次世界大战期间，先后有 87 艘齐伯林式飞艇作为军用飞艇投入了战争。曾经大规模轰炸了法国的要塞城市列日。1915 年，德国还出动了 5 艘"齐伯林"飞艇，越过英吉利海峡轰炸了英国的首都伦敦，造成了"齐伯林大恐慌"。当时，能飞到 7 200 米高度的"齐伯林"飞艇，让任何炮弹都望尘莫及。开始时，英国人对于德国的这种"超级武器"缺乏了解，不知如何对付，但是他们很快就想出了对策。那是 1915 年 6 月，当德国的"齐伯林"飞艇又一次大摇大摆地闯入英国领空时，英国飞行员立即驾驶飞机从它的上方投掷了 6 枚 9 千克重的炸弹，使其当即爆炸坠毁。但是，当时的飞机载重量有限，投掷的炸弹威力还不够强大，尽管"齐伯林"飞艇庞大的身躯极易被敌方飞机发现并遭到攻击，但是在 1917 年之前，"齐伯林"飞艇一直是英国领空的一大威胁。

　　1917 年 3 月 8 日，齐伯林伯爵在柏林以 79 岁的高龄去世。他被隆重地安葬在斯图加特市的布拉格公墓，墓碑上他的头像下面刻有三行德文：只要你有个愿望，并且相信它会实现，它便会成功。非常遗憾的是，这位德国航空史上以及人类航空史上的先驱未能看到飞艇作为客运交通工具活跃在空运事业中。

2004 年 7 月 4 日，一艘新型的"齐伯林 NT"号飞艇离开德国前往日本，开始了历时一个月的航程，以纪念 1900 年齐伯林飞艇的首次飞行。